Auslandswegweiser
Herausgegeben von dem
Hamburgischen Welt-Wirtschafts-Archiv
(Zentralstelle des Hamburgischen Kolonialinstituts)
und dem Ibero-amerikanischen Institut
3. Band

Natur und Lebensbedingungen in tropischen und tropennahen Gebieten

Ein praktischer Ratgeber

von

Dr. Karl Sapper
Professor der Geographie an der Universität Würzburg

Hamburg
L. Friederichsen & Co.
1920

Druck von J. J. Augustin in Glückstadt und Hamburg

Vorwort.

Da leider damit gerechnet werden muß, daß eine große Zahl deutscher Volksgenossen unter den neuen Lebensbedingungen, die der Frieden uns auferlegt, ihr Fortkommen in der alten Heimat nicht mehr finden kann, so gilt es, den Vielen, die im Ausland eine neue Arbeitsstätte und eine neue Heimat suchen, vor allem ein Bild dessen zu geben, was sie dort zu erwarten haben, ungeschminkt und möglichst klar, damit sie nicht enttäuscht werden, wenn sie am Ort ihrer neuen Wirksamkeit anlangen. Freilich, ein gewisses Maß von Enttäuschung ist unausbleiblich, denn auch die offenste Darstellung vermag im Landfremden noch kein ganz richtiges Bild der Wirklichkeit zu schaffen, und manche stille Erwartung des Auswandernden wird unerfüllt bleiben. Harte Arbeit und Not des Lebens in mannigfachster Weise stehen den Allermeisten bevor, und es gilt, vorher aufs genaueste zu prüfen, ob in der alten Heimat wirklich keine Möglichkeit für das Fortkommen des Einzelnen wie seiner Familie vorhanden ist und ob wirklich geschieden werden muß von allem, was einem von Jugend auf lieb und vertraut ist, um im fremden Land unter sprach-, gesinnungs- und sitteverschiedenen Menschen ein neues Leben zu beginnen — ein Leben, in dem Entsagung und notgedrungene Anpassung auf lange Zeit die Losung sein werden, in dem die Treue zur angestammten Sprache und Sitte, zur alten Heimat vielfach und dauernd auf eine harte Probe gestellt werden wird!

Nur der, dem die Not des Lebens in der Heimat das fernere Verbleiben unmöglich macht, möge sich entschließen, dieselbe zu verlassen, und wenn schon geschieden sein muß, so ist es im allgemeinen immer noch für die meisten vorzuziehen, in Länder zu gehen, in denen Klima und Arbeitsbedingungen den heimatlichen ähnlich sind, also in Länder der gemäßigten Zone. Aber freilich: alle, die hinaus wollen, werden nicht in solchen Ländern unterkommen, und gar manchen wird es locken, sein Glück in den warmen Ländern zu versuchen, wo vielfach eine üppige, reiche Natur seiner harrt, und die geringere Volksdichte eine größere Ellbogenfreiheit und für manche tüchtige Menschen auch bessere Zukunftsaussichten gewährleistet. Wenn man bedenkt, daß die warmen Länder vor dem Krieg jährlich über 10 Milliarden Mark an die Länder der gemäßigten Zonen ausführten, und daß der Wert ihrer Ausfuhr von Jahr zu Jahr rapid anwuchs (Einfuhr nach dem

Deutschen Reich 1893: 560, 1913 aber: 1820 Millionen!), so begreift man, daß sie auf den unternehmungslustigen Auswanderer einen starken Anreiz ausüben müssen!

Aber freilich ist andererseits auch nicht zu verkennen, daß der Aufenthalt in den Tropen und tropennahen Gegenden großenteils auch weit höhere gesundheitliche Gefahren birgt, als der in Ländern der gemäßigten Zone, und daß ebenso die körperliche Widerstandskraft gegenüber den erschlaffenden Wirkungen des warmen gleichmäßigen Klimas wie die geistige Widerstandskraft gegenüber den Einflüssen sehr eigenartiger, oft verwirrender sozialer Verhältnisse inmitten einer Umgebung farbiger Menschen besonders stark sein müssen, um auf die Dauer gesund und leistungsfähig bleiben zu können. Wenn schon in den Ländern des gemäßigten Klimas nur der Tüchtige wirklich Aussichten auf ein erträgliches, vielleicht auch gutes Fortkommen hat, so bedarf es für den Tropeneinwanderer außer der allgemeinen Tüchtigkeit des Körpers und Geistes noch besonderer Eigenschaften, um sich seinen Weg bahnen zu können. Zudem muß er sich klar darüber sein, daß nur gewisse Tropengebiete sich zu einem Generationen überdauernden Aufenthalt eignen, andere aber, so die meisten Tiefländer, nur als zeitweilige Arbeitsstätte für den Einzelnen dienen können. Freilich die geschäftlichen Unternehmungen können bei häufigerem Wechsel ihrer Leiter auch dort dauernden Bestand haben.

Die folgenden Ausführungen sind teils eigener Beobachtung, teils der Literatur entnommen. Eine Reihe von Zusätzen hat Herr Regierungsrat Zache beigesteuert, dem ich dafür meinen wärmsten Dank an dieser Stelle aussprechen möchte. Die gegebenen Darlegungen sind dazu bestimmt, dem Auswanderer in möglichst elementarer Darstellung ein Bild der Verhältnisse in den Warmländern zu geben, um ihm die Möglichkeit zu schaffen, sich selbst zu prüfen, ob er wohl dort unter den besonderen Umständen derselben sich zu einer besseren Zukunft durchzuringen vermöchte. Verstanden sind hier unter dem Begriff der „warmen Länder“ die Länder des eigentlichen Tropengebiets und diejenigen der wendekreisnahen Subtropen, soweit in ihnen im Tiefland noch frostfreie Wirtschaft vorwaltet; die wendekreisfernen Subtropen, wie z. B. die Mittelmeerländer, sind in dieser Schrift nicht mehr berücksichtigt worden, weil in ihnen die Landwirtschaft wegen des Einschaltens einer winterlichen Jahreszeit schon ein ganz anderes Gepräge besitzt und mehr der unserer Heimat ähnlich ist. Immerhin gilt vieles, was für die Tropen gesagt ist, auch noch für die wendekreisfernen Subtropen. Auf die einzelnen Warmländer kann hier natürlich nicht näher eingegangen werden, dafür sind die besonderen „Auslandswegweiser“ da.

Unentgeltliche Auskunft erhält der Auswanderungslustige durch das Reichswanderungsamt in Berlin W 8, Wilhelmstrasse 71, und seine Zweigstellen in den größeren Städten des Reiches; wertvoll ist für ihn auch das „Nachrichtenblatt des Reichswanderungsamts“, das durch die Post (um 12 Mark jährlich) bezogen werden kann. Eine genaue Liste der Auskunftsstellen findet man in den Wegweisern für die einzelnen Länder, für die der vorliegende Band ja nur eine Ergänzung darstellt. Immerhin sei hier noch auf die Auskunfts- und Vermittlungsstelle des Deutschen Ausland-Instituts in Stuttgart (Neues Schloß) und den Verein für das Deutschtum im Ausland (Berlin W 62, Kurfürstenstraße 105) hingewiesen.

Da anzunehmen ist, daß das Büchlein häufig nicht systematisch durchstudiert, sondern vielfach mehr zum Nachschlagen verwendet werden wird, so sind im Text manche wichtig erscheinende Bemerkungen wiederholt worden, während am Schluß ein ausführliches Register angefügt wurde.

Der diese Zeilen schrieb, hat selbst ein Dutzend Jahre in den Tropen verbracht, teils als Forschungsreisender, teils in praktischer Betätigung als Kaffeepflanzer oder bei Vermessungen. Er denkt immer mit Freuden jener Zeit, wenngleich manches Unerfreuliche ihm dort widerfahren ist, und obgleich die Gesundheit schließlich versagte und zur Rückkehr nach der Heimat zwang. Er wünscht jedem, der sein Glück in den Tropen versuchen will, das Beste für sein Vorhaben und bittet ihn zugleich, nie zu vergessen, daß er auch im fremden Land ein Deutscher ist und für sich und seine Familie bleiben soll, selbst für den Fall, daß er das Bürgerrecht in demselben erwirbt. Er sehe auch zu, daß der deutsche Name durch ihn neue Förderung erfahre und daß er an seinem Teil daran mitarbeite, die deutsche Heimat wieder zu stärken und den Handel derselben wieder zur Blüte zu bringen!

Garmisch, im Oktober 1919.

Prof. Dr. Karl Sapper.

Inhaltsverzeichnis.

1. Die Natur der Tropen und der tropennahen Gebiete (Subtropen).

a. Tageslänge und Dammerung.

Jedermann weiß, daß die Sonne im Winter tiefer steht als im Sommer und daß die Erwarmung durch die Sonne um so starker ist, je steiler ihre Strahlen einfallen. Jedermann weiß auch, daß im Norden unseres deutschen Vaterlandes die Sommernachte kurzer, die Winternachte langer sind als im Suden, und daß die Warme im Durchschnitt an der Nordsee niedriger ist als in der mittelrheinischen Tiefebene. Gehen wir aber von unserer deutschen Heimat aus in sudlichere Gegenden, etwa nach Italien oder nach Palastina, wie dies im Laufe des großen Kriegs so viele Tausende unserer Soldaten getan haben, so wird die mittlere Warme immer hoher, der Sonnenstand steiler, die mógliche Lange der Tage kurzer. Und wenn wir noch weiter sudwarts reisen, so kommen wir schließlich in Gegenden, wo die Sonne zuweilen senkrecht über uns steht, wo wir sie zu gewissen Zeiten nórdlich, zu andern sudlich von uns erblicken, wo Tag und Nacht das ganze Jahr uber nahezu gleich lang sind und wo standig hohe Warmegrade sich geltend machen. Diese Gebiete nennen wir **Tropen**. Sie erstrecken sich beiderseits des Áquators oder Gleichers nahezu 2600 km weit und begreifen damit rund $^2/_5$ der ganzen Erdoberflache in sich.

Zu den wesentlichsten Unterschieden zwischen den Tropen und unserer deutschen Heimat gehort die **annahernde Gleichmaßigkeit von Tag und Nacht**. Freilich sind nur am Aquator selbst Tag und Nacht immer gleich lang — je 12 Stunden; aber wenn man sich von ihnen entfernt, so nimmt die mógliche Dauer der Tageslange zunachst nur langsam zu. In 10° Breite (c. 1100 km vom Áquator entfernt) dauert der langste Tag erst 12 Stunden 35 Minuten, und selbst an den Wendekreisen in $23^1/_2$° Breite betragt die mógliche Tagesdauer erst $13^1/_2$ Stunden. Das bedeutet fur den Menschen in mancher Hinsicht eine Erleichterung der Lebensbedingungen; denn in Folge der stets betrachtlichen Dauer der Nacht ist die nachtliche Abkuhlung meist einigermaßen ansehnlich; sie verhindert so ein allzu starkes Anwachsen der Warme. Zudem weist die gleichmaßige Lange des Tages dem Menschen jahraus jahrein ein ziemlich gleichmaßiges Maß möglicher Arbeitsleistung zu; das ganze Leben verlauft in gleichmaßigerem Rhythmus als bei uns, und da in den Tropen die Dämmerung weit kürzer dauert als bei uns, so vermag auch sie die mögliche Arbeitszeit im Freien nicht wesentlich zu verlängern. Damit fällt der in unserer Heimat durch die langen Sommertage gegebene Ansporn zu gelegentlichen außergewöhnlichen Marsch- oder Arbeitsleistungen hinweg; die Körperkraft bleibt deshalb auch durchschnittlich unter dem Maß, das in unseren Breiten erreicht zu werden pflegt; und vor allem fällt in der Erntezeit, die ja überall eine Zeit erhöhter Arbeitsleistung für den Landwirt bedeutet, die Möglichkeit weg, durch Verlängerung der Arbeitsdauer das entsprechende Mehr an Arbeit zu bewältigen; vielmehr braucht man in den Tropen zur Erntezeit eben entsprechend mehr Arbeiter, um in der gleichmäßigen Tageszeit das unbedingt notwendige Arbeitsmaß durchführen zu können, und häufig muß man auf weitere Ausdehnung der Anpflanzungen verzichten, weil eben für Einbringung der Ernte nicht genügend Arbeitskräfte zu bekommen wären.

b. Klima.

Da in den Tropen die Sonnenstrahlen immer steil einfallen, so ist die Zufuhr von Licht und Wärme dort wesentlich größer als bei uns. Die Überfülle des Lichtes in den Tropen wird freilich nur dem von Natur aus mit empfindlichen Augen behafteten Europäer unangenehm bemerkbar — wogegen man sich aber durch dunkle Schutzbrillen einigermaßen zu schützen vermag —, dagegen empfindet jeder Weiße das Übermaß an Wärme sehr stark. Freilich steigen die höchsten Wärmegrade in vielen, namentlich den feuchten Tropengegenden nicht wesentlich höher an als sie auch bei uns (etwa in der mittelrheinischen Tiefebene, oder im unteren Main- und Neckar-Gebiet) vorkommen: 33—34° C. Mancher Hochsommertag Frankfurts würde auch in den Tropen als heißer Tag empfunden werden. Der wesentliche Unterschied des Tropenklimas gegenüber unserem heimatlichen Klima besteht aber darin, daß bei uns derartig hohe Temperaturen nur vereinzelt und nur im Hochsommer auftreten, während sie in den Tropen etwas ganz Gewöhnliches darstellen und in den meisten Gegenden in allen Monaten gelegentlich vorkommen. Man hat daher auch schon die Tropen — mit Recht — als die Sommerzone der Erde bezeichnet. Aber selbst, wenn wir unsern Hochsommer uns das ganze Jahr hindurch fortgesetzt denken wollten, würden wir noch nicht die rechte Vorstellung des tropischen Tieflandklimas bekommen, denn nur selten ist bei uns — selbst im Juli — die nächtliche Abkühlung so gering wie gewöhnlich in den Tropen. Infolgedessen sind die beobachteten tiefsten Temperaturen tropischer Tieflandstationen im Durchschnitt weit höher als die tiefsten Nachttemperaturen bei uns im Juli. Wenn z. B. in der mittelrheinischen Tiefebene die mittlere Julitemperatur 19° C. beträgt, so ist das Jahresmittel der äquatornahen Tieflandgebiete dagegen 25—27°, also 6—8° wärmer. Dazu kommt, daß bei uns nach der Hitze des Sommers der kühlere Herbst und der kalte Winter die nötige Erfrischung bieten, während in den Tropen der Temperatur-Unterschied der Jahreszeiten fast wegfällt, indem der Unterschied des Wärmemittels des wärmsten Monats von dem des kühlsten meist nur wenige Grad, an manchen Stellen sogar noch nicht einmal einen Grad beträgt. Bei uns dagegen ist die mittlere Januartemperatur, die an den meisten Punkten Deutschlands unter dem Gefrierpunkt bleibt, 16 bis 20° tiefer als die Julitemperatur! Alljährlich sinkt bei uns an gewissen Wintertagen die Temperatur selbst 15, 20 und mehr Grade unter den Nullpunkt, während im tropischen Tiefland Frost niemals auftritt.

Das Fehlen des Frostes in den tiefer gelegenen tropischen Gegenden ist in vieler Hinsicht zwar recht angenehm: es braucht nie für Heizung gesorgt zu werden, und die menschlichen Wohnungen müssen nur Schutz gegen Wind, Regen und Sonne, nicht aber zugleich auch gegen Kälte bieten, dürfen also viel leichter gebaut werden als bei uns. Abkühlung kommt zwar auch in den tropischen Tiefländern vor, so bei Nacht, oder bei Einbruch kälterer Winde, aber sie pflegt nicht ausgiebig genug für eine gründliche Erfrischung des Körpers zu sein und verhindert nicht eine allmählig immer stärker werdende Verweichlichung, die vielfach so weit geht, daß man oft schon bei Temperaturen von + 20° C. (16° R.) über Kälte klagt, während allerdings andererseits auch eine Temperatur von 30° bereits als Hitze empfunden wird.

Die ständig hohe Wärme verringert im Lauf der Zeit allmählich die Arbeitslust ganz wesentlich, und wenn wir uns vergegenwärtigen, daß schon bei uns zur Zeit der Hundstage der Arbeitseifer oft erlahmt, so werden wir lernen, den an sich berechtigten Vorwurf der Faulheit, den man den Tropenbewohnern vielfach macht, mit weniger moralischer Entrüstung und pharisäischem Selbstlob auszusprechen, als wir es bisher getan haben; denn auch uns droht eine allmählige Ermattung der Tatkraft, wenn wir jahraus jahrein so hohe und noch höhere Temperaturen zu ertragen haben, wie sie in unserer Heimat während des kurzen Hochsommers herrschen. Die geschilderten Wärmeverhältnisse sind Schuld daran, daß die meisten Mitteleuropäer im tropischen Tiefland nur begrenzte Zeit, meist nur wenige Jahre, ihre Tatkraft bewahren können und dann von Zeit zu Zeit Auffrischung ihrer Kräfte in den kühleren Gebirgsregionen oder in der alten Heimat suchen mussen. In besserer Lage sind die Sudeuropaer (Spanier, Portugiesen, Italiener, Griechen usw.), oder die im Suden der Vereinigten Staaten oder im mittleren Australien ansassigen Weißen, weil sie dort schon von Jugend auf an wesentlich hohere Temperaturen gewohnt sind, als wir.

Nun herrschen aber die gleichmaßig hohen Temperaturen nur im Tiefland der inneren Tropen standig vor; in großeren Erhebungen ist die mittlere Warme, wie überall auf der Erde, geringer und zwar bei Erhebung um je 100 m jedesmal um etwa ½° C. Es bleibt zwar die Gleichmäßigkeit der Temperatur, die geringe jahrliche Warmeschwankung, auch im Hochland bestehen; aber die Mitteltemperaturen werden niedriger und damit dem Europaer zuträglicher. In Höhen von 1800—2000 m sinkt die Temperatur schon alljahrlich unter den Gefrierpunkt, und oberhalb 3000 bis 3500 m fallt schon in den meisten Jahren gelegentlich Schnee; die obere Getreidegrenze, die Baum- und die Schneegrenze aber liegen in den Tropen fast 2000 m höher als in den Alpen. Die tropischen Hochgebirge liegen so wie Inseln geringerer Wärme, also gemäßigten, selbst kalten Klimas in ihrer warmeren Umgebung.

In den tropischen Hochgebirgen finden sowohl der Europaer, wie seine Nutzpflanzen und Haustiere gunstige klimatische Vorbedingungen, obgleich die physiologischen Einwirkungen des niedrigeren Luftdrucks sich bei manchen Menschen sehr ungunstig geltend machen und der weit starkere Gegensatz zwischen Sonnen- und Schattentemperatur, vor allem aber die stechende Warme der Sonnenstrahlen in den fruhen Nachmittagsstunden, den im Freien arbeitenden Landmann recht belastigen kann.

In manchen Tropengebieten, so Mittelamerikas, Brasiliens und Australiens, macht sich aber der Einfluß benachbarter Kontinentalmassen und deren starke Abkühlung in der Winterszeit durch kraftige Luftströmungen bemerkbar, die ansehnliche Herabsetzungen der Temperatur, oft auch Regen und damit Erfrischung der ganzen Natur, bringen. Das ist z. B. bei den Nortes Mittelamerikas, den Pamperos Sudbrasiliens und den NW-Monsunen Australiens der Fall.

Die jahrliche Warmeschwankung, die in den inneren Tropen so außerordentlich gering ist, wird in den wendekreisnahen Gebieten der Tropen bereits erheblich großer. Je weiter man uber die Wendekreise polwarts vordringt, desto ausgesprochener werden die jahreszeitlichen Warmeunterschiede, desto langer die mogliche Tagesdauer, desto günstiger — bei sonst gleichen Verhaltnissen — die Eingewohnungsaussichten fur den Europaer.

Noch immer ist in den außertropischen Gebieten, die in der Nahe der Wendekreise liegen und die man vielfach unter dem

Namen *Subtropen* begreift, die Wärme im Jahresdurchschnitt hoch; ja, die Sommerwärme ist stellenweise, so um 30° Breite, sogar etwas höher als die Mittelwärme der Tropen, weil die wachsende Länge des Tages bei dem noch recht steilen Einfallswinkel der Sonnenstrahlen eine sehr beträchtliche Erwärmung bedingt. Andererseits sind aber die kälteren Monate des Jahres bereits durch recht kühle Temperatur ausgezeichnet, weshalb auch diese Gebiete dem Europäer schon verhältnismäßig gute Anpassung gestatten. Immerhin bleibt die Mitteltemperatur des Jahres in diesen Ländern noch vielfach über 20°, weshalb man auch diese Gebiete noch zu den *warmen Gebieten* der Erde rechnen darf. Sie nehmen so fast die Hälfte der Erde ein (48 %). Wenn man freilich den wirtschaftlichen Standpunkt in den Vordergrund stellt, so wird man besser *alle Gegenden als warm* bezeichnen, *die — im Tiefland — nie vom Frost heimgesucht werden*; denn das Auftreten von Frost schließt, wenigstens bei mehrjährigen Gewächsen von hohen Wärmeansprüchen, den Anbau aus und trennt so ziemlich scharf die Gebiete tropischer Agrikultur von denen des Landbaus der gemäßigten Zone. (Im Sinn noch frostfreier Gebiete ist in dieser Schrift das Wort „Subtropen" aufgefaßt.)

In den wendekreisnahen Gebieten ist die Höhenregion möglichen Frostes schon wesentlich niedriger gerückt, als in den inneren Tropen: sie liegt jenseits der Wendekreise bald nur noch wenige hundert Meter über dem Meere, und wo sie schließlich das Meeresniveau erreicht, da können wir die Außengrenze der inneren Subtropen, und damit der warmen Gebiete überhaupt ansetzen. Das Gebiet, das innerhalb der Frostgrenzlinie liegt, umfaßt an fester Landfläche nahezu $^1/_3$ der gesamten überhaupt vorhandenen Landfläche: ein ungeheures Gebiet, das die Ausdehnung unseres deutschen Vaterlandes fast hundertmal übertrifft.

Wie die Wärmeverhältnisse in den Tropen sich durch große Einfachheit auszeichnen, so auch die meisten andern meteorologischen Elemente. Der *Luftdruck* weist gewöhnlich sehr geringe Schwankungen auf, weshalb das Barometer in den Tropen, von wenigen Ausnahmen abgesehen, seine Bedeutung als Wetterglas verliert. Große Regelmäßigkeit zeigen auch die *Winde*. Über ungeheueren Flächen der Ozeane und benachbarter Festlandsgebiete wehen jahraus jahrein ununterbrochen östliche Windströmungen, die *Passate*. In anderen Gebieten (Australasien, Melanesien) wechselt die Windrichtung mit den Jahreszeiten (*Monsune*): infolge der sommerlichen, starken Erhitzung der benachbarten Festländer Asien und Australien weht während des Nordsommers in diesen Gebieten Südostwind, während des Südsommers Nordwestwind. Außerdem aber bringt die Erhitzung des Landes in den Tropen ebenso wie bei uns an Meer- und Seeküsten während des Tages landeinwärts wehende Winde hervor: die *Brise*, die in den warmen Ländern oft noch auf Dutzende von Kilometern hin den Menschen Kühlung bringt. Bei Nacht aber weht der Wind seewärts (*Landwind*). In den Gebirgen entwickeln sich während des Tages talaufwärts wehende, während der Nacht talabwärtswehende Winde wie bei uns (*Tal- und Bergwinde*). Wo aber kalte Bergregionen nahe bei heißen Niederungen liegen, entstehen zum Ausgleich der Temperaturunterschiede oft *Fallwinde*, die manchmal so heftig sind, daß zeitenweise der Verkehr über gewisse Pässe unmöglich wird. Vereinzelt stellen sich aber in manchen tropischen Meeresregionen furchtbare Wirbelstürme ein (*Orkane, Cyklone, Taifune*), die mit solcher Gewalt dahinrasen, daß sie nicht nur die Schiffahrt gefährden, sondern auch auf Inseln und an gewissen Küstenstrecken ganze Wälder niederblasen, Häuser und Pflanzungen zerstören, auch häufig viele Menschen töten. Ein sorgfältig durchgeführtes Sturmwarnungssystem, und, wo dies fehlt, der jählings fallende Luftdruck machen aber vielerorts noch früh genug auf die Gefahr aufmerksam, so daß man sich persönlich noch rechtzeitig in Sicherheit bringen kann. Stellenweise (kleine Antillen) hat man sogar eine Orkanversicherung nach Art unserer Hagelversicherung eingeführt, um gegebenen Falls wenigstens den Geldverlust zu mildern. Groß ist wieder die Regelmäßigkeit der *zeitlichen Niederschlagsverteilung*: während des Sonnenhochstandes entwickeln sich, meist in den Nachmittagsstunden, häufig Wärmegewitter, die mächtige Platzregen liefern; das ist die *tropische Regenzeit*, während der freilich die Vormittage gewöhnlich schönes, klares Wetter zeigen. In den wendekreisnahen Gebieten tritt eine, in den inneren Tropen zwei Regenzeiten ein, entsprechend dem ein oder zweimaligen Sonnenhochstand. Während des Sonnentiefstandes aber herrscht *Trockenzeit* mit wochenlang andauerndem klaren Wetter. Eine Ausnahme machen nur die den Passaten entgegengesetzten Gebirgsabdachungen: an diesen kondensiert sich die Feuchtigkeit des aufsteigenden Passatwindes in Form dichter Nebelmassen und langandauernder Landregen, so daß also diese Gebiete noch eine weitere und diesmal *gewitterlose Regenzeit* haben, einer eigentlichen Trockenzeit aber entbehren. Der Regenfall ist in solchen Gegenden meist sehr groß. Jedoch fehlen auch wüstenhafte, fast regenlose Gebiete in den Tropen keineswegs; in den Subtropen sind sie sogar sehr ausgedehnt. In regenreichen Tropengebieten sind die *Schwankungen* der Regenmengen zwischen den einzelnen Jahren geringer als bei uns. Stellenweise, so in Indien und Nordostbrasilien, treten aber dennoch von Zeit zu Zeit *Dürren* mit schweren wirtschaftlichen Folgen auf. Die *Hagelgefahr* ist in den Tropen weit geringer als bei uns, jedoch fehlen in gebirgigen Gegenden gelegentliche Hagelschläge auch nicht. *Schnee* fällt im allgemeinen nur in hohen Gebirgen, ausnahmsweise (in Monsungegenden) aber zuweilen auch schon im Tiefland (Canton).

Während in wüstenhaften Gebieten die relative Luftfeuchtigkeit gering ist, ist sie in Küsten- und Urwaldgebieten und während der Regenzeit auch in offenen Landschaften sehr hoch und schafft dann die drückende Schwüle, die dem Europäer den Aufenthalt in den Tropen so sehr erschwert. Zudem bleibt der Schweiß auf der Haut stehen, wenn die Luft mit Feuchtigkeit übersättigt ist, und erzeugt ein überaus lästiges Gefühl, ja sogar die Disposition zu Hautkrankheiten.

Dank der hohen Wärme ist die Verdunstung in den Tropen weit größer als bei uns, abgesehen von den Zeiten (Regenzeit) und Gegenden (Küste, Urwald), wo die Luft schon mit Dampf gesättigt ist. Die rege Verdunstung kühlt die Haut ab (daher auch die Wohltat des Luftfächers, Ventilators!); desgleichen die Getränke: in Deutschsüdwestafrika macht sie z. B. Eisfabriken im Innern unnötig, und im spanischen Amerika bewahrt man Trinkwasser vielfach in unglasierten Gefäßen auf, um es kühl zu erhalten. Größer als bei uns ist in den Tropen dank der hohen Wärme aber auch der Taufall, der während der Trockenzeit auf vielen Savannen und Steppen die einzige Wasserversorgung für die Pflanzen darstellt.

Wenn wir uns das vor Augen führen, was über das Klima der Tropen und Subtropen gesagt worden ist, so erkennen wir, daß vieles anders ist, als bei uns, aber doch nicht in so großem Maße, daß wir uns nicht von unseren heimischen Verhältnissen aus eine Vorstellung davon machen könnten. Das tropische Klima zeichnet sich vor dem unserigen vor allem durch einfachere Linien aus, durch größere Gesetzmäßigkeit und größere Gleichförmigkeit; es zeigt einen größeren Stil als unser heimatliches Klima, und wie überall die hohe und gleichbleibende Wärme, so macht in den allermeisten Gebieten der eigentlichen Tropen auch der wenigstens zeitenweise viel stärkere Regenfall auf den Ansiedler einen nachhaltigen Eindruck und zwingt zu besonderen Vorkehrungen in Wohnung, Kleidung und Beschäftigungsart. Wohl mag dem künftigen Siedler zunächst die mitgeteilte Höhe der Wärmegrade in den tropischen Tiefländern nicht allzusehr imponieren; aber ein anderes ist es dann, in der Wirklichkeit Tag für Tag jahraus jahrein immer der andauernden Hitze unterworfen zu sein. Man gewinnt dann doch im Laufe der Zeit den Eindruck, in einer fremden Welt zu sein, und begrüßt mit Freuden die kühle Luft der höheren Gebirgserhebungen, die den europäischen Tieflandbewohner der Tropen geradezu wie ein Gruß aus der Heimat anzumuten pflegt.

c. Die Welt des Wassers.

Wie die Luft ihrer Stoffzusammensetzung nach in den Tropen genau gleich ist, wie bei uns, aber vermoge höherer Wärmegrade in mancher Hinsicht sich doch verschieden verhält, so gilt dasselbe auch vom Wasser und seinen Ansammlungen (Meer, Seen und Flussen). Fur den praktischen Siedler ist freilich nur wichtig die hohere Temperatur der Meeres- und großen Seeflächen (26 bis 28° C.), da sie wie eine Warmwasserheizung auf die Umgebung wirkt. (Letzteres gilt naturlich auch von manchen noch heißeren abgeschlossenen Nebenmeeren der Subtropen, z. B. Rotes Meer, Persischer Golf.)

Da von dem reichlicher fallenden Regen der Tropen ein großerer Teil des Wassers in den Boden versickert, als in der deutschen Heimat, so erweicht das tiefgrundige Erdreich vielfach zu Schlamm, der manchmal nach Zerreißen des Wurzelfilzes ausbricht und in Form von Schlammströmen die Hange herabfließt, wobei haufig Wege durch den Schlamm geradezu gesperrt werden. Nicht selten treten auch machtige Rutschungen ein, die Wege und Baulichkeiten an den Hangen zerstoren.

Trotz der starken Versickerung von Regenwasser ist doch der oberflachliche Ablauf des gefallenen Regens sehr bedeutend und jede Regenzeit ist daher bei großen Strömen von wochen- und monatelang dauernden Überschwemmungen begleitet, die häufig auf viele Kilometer Entfernung das Land unter Wasser setzen, so daß der Verkehr dann nur noch zu Schiff erfolgen kann; diesen Verhaltnissen Rechnung tragend, liegen die Siedlungen und Baum-Kulturen in den gefahrdeten Gebieten meist auf erhöhten Gelandestrecken; und wenn die Wasser sich verlaufen haben, suchen häufig Wechselfieber und Verdauungsstorungen die Bewohner dieser Gegenden heim, bis das Erdreich wieder völlig trocken geworden ist. Aber den Nachteilen stehen auch Vorteile gegenuber: der Überschwemmungsschlamm dungt die Felder und erlaubt manchen Tropenländern reiche Ernten von Lebensmitteln (Reis in Hinterindien) hervorzubringen.

Die tropischen Ströme der periodisch feuchten Gebiete sind durch außerordentlich starke Schwankungen des Wasserstands und enorme Geroll- und Sinkstofffuhrung ausgezeichnet und darum fur den Verkehr meist nicht sehr günstig, wahrend die Urwaldströme wegen gleichmaßigerer Wasserfuhrung und sparlicheren Transports groben Gerölls weit besser abschneiden.

d. Die feste Erdoberflache.

Gesteine, Kusten und Oberflachenbildungen der Tropen entsprechen ganz den unsrigen. Freilich sind die bei uns soviel verbreiteten morphologischen Einwirkungen der Eiszeit im Tropentiefland unbekannt (Fjorde, Gletscherschliffe, Rundhöcker, Moränen und dergl.); nur in den höchsten Gebirgserhebungen fehlen sie auch hier nicht. Andererseits aber zeigen die tropischen Meere in den Kalkausscheidungen der Korallenpolypen eine Gesteinsart, die unseren Meeren fremd ist, dort aber viele Inseln und Küstensäume aufbauen: den Korallenkalk.

Vulkane sind in den Tropen und den außertropischen Gebieten ganz gleichartig vorhanden; aber die Zahl der tätigen Vulkane ist in den äquatornahen Gebieten etwas größer als in der gemäßigten Zone, und die Statistik der letzten Jahrhunderte zeigt, daß explosive Ausbrüche in niedrigen Breiten häufiger auftreten, als in mittleren und höheren. So weit es sich dabei um leichte Ausbrüche handelt, bedeutet das eine Begünstigung der Tropen; denn die ausgeschleuderten Lockermassen, vor allem die feinkörnigen Aschen, sind meistens sehr reich an Nährsalzen und verbessern daher vorhandene Böden. Wenn aber schwere Explosivausbrüche eintreten, so sind dieselben für Personen, Gebäulichkeiten und landwirtschaftliche Unternehmungen gefährlicher, als die an sich intensiver wirkenden, aber örtlich beschränkteren Lavaausbrüche. Zum Glück treten schwere Lockerausbrüche nur ganz selten auf; aber der Siedler, der in einer vulkanischen Gegend sich festsetzt, tut doch gut, einigermaßen die unmittelbare Nähe des Feuerberges zu meiden, und sein Haus mit steilem Dach zu versehen; denn wenn vom Himmel große Aschen-und Bimssteinmassen niedergehen, so rutschen sie an Steildächern von selbst herab, während sie auf flachen Dächern — ähnlich wie bei uns der Schnee — sich anhäufen und schließlich ein solches Gewicht erlangen, daß auch die stärkste Konstruktion nicht mehr Widerstand zu leisten vermag: das Dach stürzt dann zusammen und begräbt Menschen und Vieh unter seinen Trümmern!

Wenn aber schwere Explosionen in oder unter dem Meeresspiegel stattfinden, so können gewaltige Flutwellen entstehen, die an Flachküsten tief ins Land vordringen und beim Rücklauf alles mit sich fortreißen. Es ist daher in vulkanischen Tropengebieten ratsam, sein Haus nicht unmittelbar an den Strand zu bauen, damit man auch für den — allerdings seltenen — Fall einer Flutwelle gesichert sei.

Ob Erdbeben in den Tropen häufiger sind, als außerhalb derselben, wissen wir nicht. Tatsache ist aber, daß viele Tropenländer häufig von Beben, zuweilen selbst schweren Beben heimgesucht werden. Da gilt es dann ebenfalls, Vorsichtsmaßregeln zu treffen, wie denn im spanischen Amerika durch niedrige Bauweise (meist nur einstöckige Häuser!) und breite Mauern die Rücksicht auf die Beben sich schon landschaftlich ausprägt. Noch besser als diese Bauart sichern aber die mit Lianen oder Bast zusammengebundenen Eingeborenenhütten oder auch gut konstruierte Bretterhäuser vor den zerstörenden Wirkungen schwerer Erdstöße. Jedenfalls wird der Siedler gut tun, bei seiner Festsetzung sich zuvor über die Vulkan- und Bebengefahr in dem betreffenden Lande zu erkundigen.

Die Mannigfaltigkeit der Bodenarten ist in den Tropen und Subtropen so groß wie bei uns; die Fruchtbarkeit im allgemeinen nicht größer als bei uns. Der Neuling pflegt allerdings im Anblick der wunderbar üppigen Pflanzenwelt regenfeuchter Urwälder leicht Schlüsse auf „unerschöpfliche" Fruchtbarkeit der betreffenden Böden zu ziehen; aber die Erfahrung zeigt, daß die Urwaldböden zwar stets genügenden Wasservorrat für ein üppiges Pflanzenwachstum bieten, aber bei mehrfacher Bepflanzung und Aberntung von Kulturgewächsen ebenso einen Wiederersatz der entzogenen Nährsalze verlangen, wie unsere Böden, und daß sie bald völlig verarmen, wenn ihnen keinerlei Düngung zugeführt wird. Nur tiefgründig verwitterte vulkanische Böden halten ziemlich lange ohne Düngung aus. Der Humusgehalt tropischer Böden ist meist geringer, als der unserer Bodenarten, wenngleich stellenweise (auf wenig geneigten Urwaldflächen und in gewissen periodisch trockenen Gebieten Indiens: „Regur") auch reichliche Humusansammlungen festzustellen sind; vereinzelt treten auf kleinen Strecken sogar die bei uns so häufigen und ausgedehnten Moore auf. Gewisse Bodenarten sind den Tropen eigentümlich, so der weitverbreitete, durch Eisenverbindungen rot gefärbte, mit Eisenkonkretionen durchsetzte Laterit, der unter dem Einfluß der Sonnenbestrahlung manchmal an der Oberfläche schlackenartig hart wird, oder der in manchen periodisch-feuchten Gebieten Afrikas bekannte, sehr landwirtschaftsfeindliche harte Krusteneisenstein.

In den tropischen und subtropischen Wüstengebieten sind die vorhandenen Lockerböden vielfach recht reich an Nährsalzen, und wenn sie sehr pflanzenarm sind, so rührt das vorwiegend von dem Mangel an Feuchtigkeit her; das erkennt man an dem üppigen Pflanzenwachstum der Oasen, die bei genügender Bewässerung entstehen, sei es, daß natürliche Quellen oder künstliche Brunnenbohrungen das unentbehrliche Naß liefern. Freilich in den Wüsten und Halbwüsten kämpft der Landwirt nicht bloß gegen die Trockenheit, sondern auch nicht minder hart gegen die mechanische Überschüttung seiner Kulturen durch sandführende Winde und gegen den Salzgehalt des Bodens, der sich manchmal bis zu weithin sichtbaren Ausblühungen steigert. Doch brauchen wir hier auf diese Dinge nicht einzugehen, da kein europäischer Landwirt sich in Wüsten oder Halbwüsten niederlassen wollen wird.

Eher dürfte der Fall für Bergleute und Chemiker eintreten, denn die Trockenheit des Klimas begünstigt die Erhaltung oder die Entstehung wichtiger Stoffe. Zur ersten Gruppe gehört der

Guano (Vogelmist, der auf manchen tropischen und subtropischen Inseln, besonders Perus, im Trockengebiet aufgespeichert erhalten geblieben ist), zur zweiten der Caliche (das Ausgangsmaterial für die Gewinnung von Salpeter in Nordchile). Auch Borax und Natron wären hier zu nennen.

Was Mineralschätze betrifft, so hat sich der im Mittelalter weit verbreitete Glauben, als ob die warmen Länder besonders reich an edlen Metallen und Steinen wären, nicht als richtig erwiesen. Wohl sind die tropischen Länder stellenweise sehr reich an solchen; manche Metalle, wie das Zinn, haben auch in den Tropen ihre reichsten Lager; aber nach dem bisherigen Stand unseres Wissens ist zwar Silber mindestens in gleichem Maß in den Tropen, wie in den außertropischen Ländern vorhanden, während Gold, Kohle und Eisen ihre Hauptlager außerhalb der Wendekreise haben. Immerhin sind genug Mineralreichtümer in tropischen Ländern vorhanden, um Kapitalisten, Ingenieuren und Chemikern ein reiches Tätigkeitsfeld zu eröffnen.

e. Die Pflanzenwelt.

Soweit in den Tropen genügende Feuchtigkeit vorhanden ist, ist das Pflanzenwachstum außerordentlich üppig; denn die hohen Wärmegrade bieten in Verbindung mit der großen Lichtfülle die denkbar günstigsten Entwicklungsmöglichkeiten für die Pflanzenwelt. Dabei wird der Siedler bald mit Mißvergnügen bemerken, daß diese Gunst der Verhältnisse nicht nur seinen Nutzgewächsen, sondern auch dem Unkraut zu Gute kommt, dessen Bekämpfung ihm viele Anstrengung und Kosten verursacht.

Die Gewächse der Tropen sind durchaus andere als die unserer Heimat. Aber es kommen wenigstens Verwandte unserer heimatlichen Pflanzen vor; allein dieselben sind in den Tropen oft als mächtige Bäume entwickelt, während die deutschen Verwandten Kräuter oder Sträucher sind (Kompositen, Leguminosen, Farne u. a.); Verwandte unseres Heidekrauts erscheinen sogar schon in den Subtropen (kanarische Inseln) als mäßig hohe Bäume.

Wo die Feuchtigkeit gering ist, ist auch in den Tropen das Pflanzenwachstum dürftiger. Die Wüsten sind weithin sehr pflanzenarm, die Pflanzen aber meist sehr eigenartig entwickelt, da sie lang dauernde Trockenheit überdauern können müssen: sie haben z. B. sehr tiefreichendes Wurzelsystem oder aber unterirdische Knollen und Zwiebeln, während die oberirdischen Organe während der Trockenperiode oftmals verdorren; oft haben auch die Stämme und Blätter besondere Einrichtungen, um die Verdunstung herabzusetzen (Kakteen, Euphorbiazeen u. a.).

In periodisch feuchten Gebieten wirkt die Trockenzeit wie ein Ersatz des Winters: Blattfall vieler Bäume und Sträucher, Verdorren des Grases; eine allgemeine Ruhe des Pflanzenlebens tritt ein, bis die beginnende Regenzeit mit zauberhafter Schnelligkeit die Pflanzen wieder zur Entwicklung bringt.

Dann schmücken sich die Grasfluren (Steppen und Savannen) mit Grün und vielfach auch reichem Blumenflor, um oft schon wieder abzusterben, sobald der Regen aufhört. Dieser durch die Feuchtigkeitsunterschiede bedingte Jahreszeitenwechsel läßt die periodisch feuchten Tropenlandschaften unseren heimatlichen noch einigermaßen ähnlich erscheinen. Am meisten gilt das für Hochlandsgebiete, wo blumenreiche Wiesen und lichte, unterholzarme Wälder, alpine Weiden und Buschformationen vielfach ganz an unsere heimischen Alpen oder Mittelgebirgslandschaften erinnern.

Ganz fremdartig erscheint uns aber die Pflanzenwelt in den immerfeuchten Gebieten; da finden wir außerordentlich üppige immergrüne Urwälder mit einer Fülle und Mannigfaltigkeit, einer Pracht und Lebenskraft der Pflanzen, wie sie sonst auf Erden unbekannt sind. Der regenfeuchte Tropenwald des Tieflandes wird meist von Bäumen gebildet, die an Höhe und Stammesdicke unsere deutschen Waldbäume übertreffen, und sie erscheinen dem Besucher besonders mächtig, weil sie meist 20 bis 30 m hoch ohne Astentwicklung emporragen, so daß der Wald wie eine gewaltige Säulenhalle wirkt. Wenn dadurch manche tropische Urwälder in gewissem Sinn alten deutschen Buchenbeständen ähneln, so unterscheiden sie sich doch in anderer Hinsicht wieder ganz wesentlich davon: wohl setzen auch im feuchten tropischen Tiefland nur Laubbäume die Bestände zusammen, aber diese Bäume gehören nicht einer oder wenigen Arten an, wie das in unseren Wäldern der Fall ist, sondern einer großen Zahl, so daß manchmal wohl 100 verschiedene Baumarten in einem einzigen Wald vertreten sind und selten zwei Nachbarbäume der gleichen Art angehören.

Bei der Fülle des Pflanzenwachstums ist ein einfaches Durchwandern eines Waldes fast unmöglich; vielmehr ist das hohe Unterholz gewöhnlich so dicht, Lianen und Luftwurzeln durchwirken es so vielfältig, daß man ein Buschmesser anwenden muß, um sich Durchgang zu verschaffen, was natürlich großen Zeit- und Kraftaufwand erfordert. Wege und Telegraphenlinien laufen Gefahr, bei Gelegenheit von Stürmen von gefallenen Bäumen gesperrt zu werden, weshalb man vielfach zu beiden Seiten wichtiger Verkehrslinien ein breites Urwaldband niederlegt. Dies Verfahren empfiehlt sich bei Fahrstraßen auch deshalb, weil im Schatten des Waldes der Boden niemals austrocknet, also viel begangene Wege in der Regenzeit leicht unpassierbar werden, und weil dort, wo man mit Wagen nach Art der Buren fährt, die Peitsche sonst nicht gehandhabt werden kann.

Im Hochland ändert sich der Charakter der immerfeuchten Wälder: Nebel brüten hier tage- und wochenlang über der Landschaft; Palmen sind spärlich geworden, Farnbäume häufig; Bartflechten hängen in Masse von den Zweigen, und dicke Moospolster umgeben Stämme und Äste, so daß ihr Durchmesser um ein mehrfaches größer erscheint, als den wirklichen Maaßen des Holzkörpers entspricht; alle Dornen verschwinden unter dem Moosbelag, was der Reisende oft sehr unangenehm gewahr wird, wenn er, auf dem schlüpfrigen Boden ausgleitend, versucht, sich an derartigen Stämmen festzuhalten. Solche Nebelwälder bieten dem Siedler keine Stätte; denn Nebel und Regen sind so häufig, daß die angepflanzten Nutzgewächse nicht zur Reife kommen und das geschnittene Gras nicht zu Heu gemacht werden kann. Dagegen bieten die Regenwälder des Tieflandes außer gutem Boden überall auch genügende Trockenperioden, um Landwirtschaft zu ermöglichen, wennschon dieselben in der offenen Landschaft leichter zu betreiben ist. Die wildwachsende Pflanzenwelt der Urwälder bietet nicht nur für örtlichen Gebrauch, sondern auch für die Ausfuhr eine Menge nützlicher Stoffe: Medizinalpflanzen und Faserstoffe, Möbel- und Farbhölzer, Sammelprodukte aller Art. Nur da, wo Wälder in stinkendem Salzsumpf stehen, sind sie für Siedelungszwecke unbrauchbar (Mangroven).

f. Die Tierwelt.

Während die Pflanzenwelt der warmen Länder durch ihre reiche Entwicklung vom ersten Anblick an sich aufs stärkste zur Geltung bringt, tritt die Tierwelt sehr zurück. Das gilt besonders vom regenfeuchten Tropenwald mit seiner überreichen pflanzlichen Raumerfüllung, die dem menschlichen Auge nur ein ganz enges Gesichtsfeld und darum auch nur wenig Wahrscheinlichkeit zum Erspähen von Tieren bietet. Diese Wahrscheinlichkeit wird noch weiter verringert durch die häufige Schutzfärbung der Tiere. Wohl treten auch prächtig gefärbte Schmetterlinge, Schlangen, Vögel, Katzenarten u. dergl. auf, aber ihre Zahl ist zu gering, als daß sie den Eindruck eines reichen Tierlebens hervorrufen könnten, das eher durch gelegentliche Schwärme von Stechmücken, Wespen, Bienen, Ameisen, Termiten, noch mehr aber durch das alle Morgen und Abend zur Zeit des Lichtwechsels sich wiederholende Konzert der Vögel und Zikaden erzeugt wird. Obgleich im Urwald das Tierleben wenig hervortritt, so ist es doch sehr arten- und individuenreich. Dabei ist es zum Teil sehr eigenartig, insofern ein großer Teil der Urwaldtiere sich dem Baumleben angepaßt hat, und zwar nicht nur Reptilien, Amphibien, Landschnecken, sondern auch zahlreiche Säugetiere, vor allem Affen, und (im australischen Gebiet) gewisse Beuteltierarten. Dadurch verteilt sich das Tierleben wieder auf die verschiedenen Stockwerke des Waldes und entzieht sich so dem Auge leichter. Nur in wenigen Waldgebieten ist größeres Wild häufig zu treffen, so Wildschweinherden oder einzelne Tapire im tropischen Amerika, Elephanten und Nashörner in Afrika oder Asien.

2*

In den offenen Landschaften, vor allem auf den Savannen und Steppen, tritt das Tierleben viel mehr hervor als im geschlossenen Wald: denn das Auge vermag hier viel größere Strecken zu überblicken, und zudem ist die Hauptmasse der Tiere wieder auf den festen Erdboden beschränkt. Der gesellige Graswuchs gewährleistet die Ernährung zahlloser Wiederkäuer, die ihrerseits wiederum einem ganzen Schwarm nachfolgender Raubtiere das Leben ermöglichen. Besonders reich an Wild sind die Steppen Afrikas, die darum auch den Jagdliebhaber besonders anlocken. Dürftiger ist dagegen wieder das Tierleben der Wüsten, obgleich sie lange nicht so tierarm sind, wie der Neuling glauben möchte, der die in Sichtweite vorhandenen Tiere wegen ihrer Schutzfärbung oft nicht zu erkennen vermag. Freilich ist auch die Zahl der Tierarten, die sich in der Wüste heimisch fühlen, nicht allzu groß, weil immerhin dafür schon ein hohes Maß von Anpassung an die langdauernde Trockenheit, die Spärlichkeit von Wasserstellen, die besonderen Verkehrsschwierigkeiten lockeren Sandes und kahlen, bei Tag sich oft sehr stark erhitzenden Felsbodens notwendig ist.

Die Gunst der höheren Wärme und leichteren Lebensbedingungen spricht sich, wie bei den Pflanzen, so auch bei den Tieren vielfach in gesteigerter Größenentwicklung aus. Das fällt uns natürlich am meisten bei Landtieren auf, die nahe Verwandte auch in unserer Heimat haben, so bei Schmetterlingen, Käfern, Schnecken, Würmern und anderen niederen Tieren, nicht minder aber auch bei Wirbeltieren wie Schlangen, Eidechsen, Fröschen Katzenarten usw. Die größten Landtiere der Erde, die Elefanten, sind mit vielen anderen großen Säugetieren, wie Nilpferden, Nashörnern, Giraffen gegenwärtig ganz auf die warmen Länder beschränkt, und nur bei den Fischen und Vögeln läßt sich in den Tropen keine allgemeinere Größenbevorzugung erkennen. Die beständige Wärme und der Mangel eines Winters läßt es nicht zu bedeutsamen Einrichtungen erhöhten Wärmeschutzes (Flaumfedern, dichte Felle) kommen, es sei denn stellenweise im Hochgebirge der südamerikanischen Anden (Chinchillas); immerhin tragen aber auch manche Urwaldbewohner, wie Affen, Halbaffen, Baummarder, Eichhörnchen, schönes wohl eingefettetes Pelzwerk als Schutz gegen Abkühlung durch Regen. Aber die Zahl ist doch verhältnismässig gering, das Pelzwerk nicht allzu hochwertig, weshalb das Erträgnis der Jagd in den Tropen von weit geringerem Wert ist als in den kalten Ländern.

In den warmen Meeren ist der Artenreichtum größer, aber der Individuenreichtum sehr viel kleiner als in den kalten Meeren mit ihrem größeren Reichtum an Sauerstoff und vegetabilischem Plankton. Infolgedessen ist die Seefischerei in den warmen Meeren zwar für die Eingeborenen und Anwohner von großer Bedeutung für die Ernährung, aber doch nicht besonders ergiebig, es sei denn an Küsten, wo kaltes Auftriebwasser örtlich günstigere Lebensbedingungen schafft, wie an der nordwestafrikanischen Küste.

Wie die Seefischerei in den Tropen nur eine Rolle für die Ernährung der Anwohner spielt, für die Ausfuhr aber nur wenig bietet (Perlen, Perlmutter, Trepang, Haifischflossen, Schildpatt usw.), so ist es auch mit der Süßwasserfischerei und der Jagd. Für die Ausfuhr liefert nur das afrikanische Jagdgebiet größere Werte (Elfenbein, Felle, Gehörne), während andere Tropengegenden neben Alligatorfellen hauptsächlich Schmuckfedern (Strauß, Reiher, Krontaube) oder Vogelbälge (Paradiesvögel, Kolibris) liefern.

Wer aus Deutschland in warme Länder einwandert, wird gut tun, seine Erwartungen auf Ergiebigkeit der Jagd sehr niedrig einzuschätzen (sofern er nicht etwa nach Afrika geht); aber andererseits wird er vielfach seitens der Tierwelt bedeutende Unannehmlichkeiten und Hemmungen zu erwarten haben. Stechmücken, Zecken, Sandflöhe und allerhand sonstiges Ungeziefer machen einem das Leben in den warmen Ländern oft sauer, und manche kleine tierische Wesen verursachen als Krankheitsüberträger vielfachen Schaden; auf weiten Strecken Afrikas läßt das Vorkommen von Tsetsefliegen sogar keine Pferdezucht aufkommen, und in vielen Gegenden bilden Schlangen, Skorpione, Raubtiere u. dergl. eine unmittelbare Lebensgefahr, so daß man stets mehr oder weniger auf der Hut sein muß, obgleich oft lange Zeiträume verstreichen können, ehe einem einmal die Gefahr in solcher Gestalt gegenübertritt.

2. Die farbige Bevölkerung der warmen Länder.

Für den Europäer, der in die Tropen oder Subtropen kommt, ist in vielen Fällen die Begegnung mit Menschen dunkler Rasse und fremdartiger Kultur die größte Überraschung, und wenn auch in der Gegenwart bereits in vielen warmen Ländern (namentlich Amerikas und Australiens) die weiße Rasse schon stark überwiegend geworden ist, so war doch ursprünglich die Bevölkerung dieser Länder farbig.

Wir Europäer pflegen auf unsere weiße Hautfarbe sehr stolz zu sein, und nicht wenige von uns sind von einem geradezu unglaublichen Hochmut gegenüber farbigen Menschen erfüllt. Aber es empfiehlt sich sehr, sich immer vor Augen zu halten, daß die Farbigen ebensogut Menschen sind wie wir: Menschen mit vielleicht andersartiger Intelligenz, mit anderen Auffassungen, anderen Sitten und Gebräuchen, Menschen mit allerhand Fehlern behaftet, die vielfach von den unsrigen abweichen, aber eben doch Menschen, mit denen wir menschlich verkehren sollen und müssen. Die Menschheit ist eben einheitlich und umfaßt helle und dunkle Rassen in gleicher Weise.

Um die Zeit vor Christi Geburt war der größere Teil der altweltlichen Tropen von Angehörigen der schwarzen Rasse bewohnt. Neger nahmen den größten Teil des afrikanischen Festlandes südlich der Wüste Sahara ein; Australien und die im Süden und Nordosten vorgelagerten Nachbarinseln (Tasmanien und Melanesien) beherbergten ebenfalls eine schwarze Bevölkerung, und außerdem saßen viele schwarze Völker in Indien und auf Teilen des australasiatischen Archipels. Amerika dagegen war in seiner ganzen Ausdehnung von braunen Indianern (die man mit Unrecht als „Rothäute" zu bezeichnen pflegt) bewohnt; sie sind ein besonderer Zweig der Gelben Rasse, die ihre Hauptvertretung im östlichen Asien hat und in Südchina und Hinterindien bis in die Tropen hineinreicht. Die weiße Rasse dagegen (Arier und Semiten, die schon lange vor Christi Geburt starke Vorstöße in tropisches Gebiet gemacht hatten), besaß ihre Hauptverbreitung in Europa und Vorderasien.

In den Zwischengebieten zwischen den Sitzen der 3 Hauptrassen findet man Völker, die körperlich einen gewissen Zwischentypus darstellen und die man daher vielfach als Ergebnis eines Vermischungsvorganges auffaßt. Dazu gehören in den kühlen Ländern des östlichen Europa und den nördlichen und mittleren Asiens die gelben Uralaltaier, in den nordafrikanischen Gebieten die bräunlichen Hamiten und auf Malakka und den Sundainseln die braunen Malayen.

In den ersten $1^1/_2$ Jahrtausenden christlicher Zeitrechnung gingen gewaltige Völkerwellen von Asien aus. Die einen richteten sich vom Innern des Kontinents nach Europa und haben in den Ungarn und Türken ihre letzten bleibenden Reste in unserem Erdteil zurückgelassen; die anderen wandten sich von Arabien nach Nordafrika und benachbarten südeuropäischen Gebieten und brachten mit der arabischen Sprache und Kultur den mohammedanischen Glauben mit, der von dort aus allmählich auch in das Herz Afrikas vordrang, während im Osten arabische Kultur und mohammedanische Religion auch auf dem Festland und den Inseln Indiens festen Fuß faßten; eine dritte, allerdings weit schwächere Welle ging von den Sundainseln aus und brachte dem Osten Madagaskars und den bis dahin unbewohnten Inseln Mikronesiens und Polynesiens (einschließlich Neuseelands) eine malayische Bevölkerung und Kultur. In Europa selbst aber regte sich (nach verschiedenen erfolgreichen Versuchen der Normannen gegen Ende des ersten christlichen Jahrtausends) im 15. Jahrhundert der Ausdehnungstrieb gewaltig und führte in der Folgezeit zu einer Überschwemmung weiter, z. T. selbst tropischer Gebiete durch Weiße, wovon später noch die Rede sein wird. Durch die Bedurfnisse der Weißen sind aber spaterhin wieder ganze Volkerwanderungen farbiger Volksmassen in Bewegung gesetzt worden.

Da in den warmen Landern der neuen Welt sowohl die Weißen als auch die Indianer der harten Bergwerks- und Plantagenarbeit im Tiefland nicht gewachsen waren, so begann man fruhzeitig, (schon im 16. Jahrhundert) Neger aus Afrika als Arbeitskrafte einzufuhren — anfanglich stark vorwiegend mannliche Neger, was zur Folge hatte, daß in den nachsten Jahrhunderten ein standiger Strom von Negern nach der neuen Welt abfloß, wo das schwarze afrikanische Bevolkerungselement in vielen Gegenden nicht nur die ursprungliche einheimische Bevolkerung ersetzte, sondern auch der Zahl nach allmahlich in immer starkerem Maße das weiße Volkselement ubertraf. Wohl hat die Abschaffung des Sklavenhandels seit dem Anfang des 19. Jahrhunderts den neuen Zuzug schließlich unterbunden, aber die ansassig gewordene schwarze Bevolkerung war allmahlich stark genug geworden, um aus sich heraus sich weiter zu vermehren. So kann man denn jetzt von einer wirklichen Vernegerung in Westindien und manchen atlantischen Gebieten Nord- und Sudamerikas sprechen, wahrend der schon im Altertum einsetzende Sklavenbezug Nordafrikas und Arabiens im allgemeinen bis in die neueste Zeit hinein nur bescheiden gewesen war, und nur an wenigen Stellen (Sudostecke Arabiens: Oman) zu starkerer Anhaufung von Negern gefuhrt hatte.

Als nach der Aufhebung der Sklaverei in manchen amerikanischen Landern und etlichen Inseln des stillen und indischen Ozeans starker Mangel an Arbeitskraften entstand, wurde ein kleiner Teil des Menschenuberflusses der dicht bevolkerten festlandischen und insularen Gebiete Indiens dorthin gebracht (besonders nach Westindien, Guayana, Natal, Mauritius) und so ein neues, zum Teil seitdem seßhaft gewordenes Bevolkerungselement geschaffen. Durch den Bau von Kanalen und Eisenbahnen, sowie durch den großzugigen Anbau von Bananen an den atlantischen Kusten Mittelamerikas ist schließlich neuerdings ein starker Zustrom westindischer Neger nach den genannten Arbeitsstatten erfolgt, woraus sich allmahlich eine verhaltnismaßig starke ansassige Negerbevolkerung im mittelamerikanischen Tiefland entwickelt hat.

Andererseits hat das Aufbluhen von Plantagenbetrieben in Queensland, auf Fidji und Samoa im letzten Drittel des 19. Jahrhunderts zeitweilig zahlreiche melanesische Arbeitskrafte nach diesen Gebieten gefuhrt, wahrend im übrigen auf der Halbinsel Malakka, den Sundainseln und manchen Sudseeinseln (Samoa) chinesische, auf Hawaii vorwiegend japanische Arbeiter einwanderten und z. T. auch seßhaft wurden. Auch in die sudafrikanischen Randgebiete hat sich in den letzten Jahrzehnten ein erheblicher Zustrom indischer und afrikanischer Arbeiter ergossen.

Wenn wir uns nach dem Gesagten ein Bild von der **gegenwärtigen Verteilung der farbigen Bevölkerung** in den warmen Ländern der Erde machen, so finden wir, daß die schwarze Rasse fast den ganzen afrikanischen Kontinent südlich der Sahara beherrscht einschließlich des Westens von Madagaskar und der küstennahen ost- und westafrikanischen Tropeninseln; außerdem aber wohnt eine starke Negerbevölkerung in Westindien, im Süden der Vereinigten Staaten und auf vielen Tieflandflächen Mittel- und Südamerikas, vor allem Guayanas und Brasiliens. Die **schwarze Rasse** herrscht ferner noch immer in Melanesien und in manchen Gebieten Indiens, auch kleinen Flächen der australasiatischen Inselwelt vor. Auf australischem Boden ist sie aber sehr stark zurückgedrängt, auf Tasmanien verschwunden. In den wärmeren Ländern Asiens, in der australasiatischen und der pazifischen Inselwelt herrschen Angehörige und Ausläufer der **gelben Rasse**, auf amerikanischem Boden dagegen sind zwar in manchen Ländern, wie Guatemala, und in vielen Binnengebieten südamerikanischer Staaten die **Indianer** noch stark im Übergewicht; sonst aber herrschen **Mischlinge** zwischen Weißen und Indianern (Mestizen) vor, während in vielen Küstengegenden dagegen Mischprodukte zwischen Weißen und Negern (Mulatten) und zwischen Indianern und Negern (Zambos) oder auch wieder Mischlinge zwischen Mulatten und Zambos u. s. f. stark vertreten sind. Reinblütige **Weiße** sind im allgemeinen in den Tropen recht spärlich vorhanden und müssen es auch bleiben, weil eben der Weiße in den meisten Tropengegenden nicht zu anstrengender körperlicher Arbeit im Freien fähig ist und deshalb auf Farbige als Feldarbeiter angewiesen bleibt.

Wo immer amtliche Statistiken aus den Tropen große Zahlen von Weißen nennen, da handelt es sich großenteils um Angehörige unserer Rasse, in deren Adern schon ein erheblicher Anteil Farbigenblutes enthalten ist. Man ist häufig ganz erstaunt, welch dunkelfarbige Menschen sich noch für „weiß" ansehen und angesehen wissen wollen, vor allem im lateinischen Amerika!

Die warmen Länder sind die Hauptwohngebiete farbiger Bevölkerung, und wenngleich Weiße wirtschaftlich für sich allein oder stellenweise (z. B. Sunda-Inseln) auch wohl neben den Angehörigen der gelben Rasse (Chinesen, Japanern) oder neben Mestizen (lateinisches Amerika) die herrschende Rolle spielen, so ist ihre Zahl doch in den inneren Tropen minimal zu nennen, während in den wendekreisnahen warmen Ländern stellenweise schon zahlreiche Süd-Europäer leben, die als Landarbeiter oder kleine Eigentümer tätig sind, vor allem Spanier auf Cuba und Puerto Rico und — seit Aufhebung der Sklaverei — Italiener im südlichen Brasilien (Saõ Paolo), indes Deutsche nur in ganz wenigen tropischen Gegenden größere Daueransiedlungen besitzen (Brasilianischer Staat Espirito Santo).

Die Angehörigen der Schwarzen Rasse sind innerhalb der warmen Länder am zahlreichsten vertreten. Wo größere Mengen von Negern zurzeit in die gemäßigte Zone hineinreichen, da handelt es sich vorzugsweise um ursprünglich zwangsweise Versetzung der Rasse und spätere allmähliche Akklimatisation, so vor allem in den regenreichen Südstaaten der Vereinigten Staaten, in denen der sehr heiße Sommer den Weißen die Arbeit im Freien schon sehr beschwerlich, ja für den klimaungewohnten Europäer großenteils bereits gefährlich macht. In die kühlen Gegenden der gemäßigten Zone der neuen Welt sind zwar im Lauf der Zeit auch zahlreiche Neger vorgedrungen (vor allem neuerdings während des Krieges in den Vereinigten Staaten, weil dort die Truppensendungen nach Europa zeitweise starken Arbeitermangel verursacht hatten), aber im Vergleich zur Zahl der Weißen in diesen Teilen Amerikas treten sie doch sehr stark zurück, so daß die Schwarze Rasse in der Hauptsache auf die Tropen und die angrenzenden Randgebiete bis in mittlere Breiten (ca. 35°) beschränkt ist. Wo sie ursprünglich weiter polwärts vorgedrungen war (Australien und Tasmanien), da hat sie der Weiße zurückgedrängt.

Wenn man die Angehörigen der Schwarzen Rasse auf ihre körperliche und geistige Leistungsfähigkeit und klimatische Widerstandskraft hin betrachtet, so ergibt sich, daß der westliche Zweig, die Neger, in jeder Hinsicht dem östlichen Zweig, den Melanesiern, Papuas und Australiern überlegen ist, während die schwarzen Völker Indiens zwischen beiden etwa in der Mitte stehen. Obwohl die Angehörigen der östlichen Zweige der Schwarzen Rasse vielfach einen geweckten Geist haben, auch einen ausgesprochenen feinen Kunstsinn verraten, so stehen sie doch im Durchschnitt entschieden unter den Negern, die in materieller und geistiger Kultur weit höhere Leistungen hervorgebracht haben. Ich erinnere vor allem daran, daß sie die Bearbeitung des Eisens meisterhaft verstehen, in vielen Gegenden auch wohlentwickelte andere Handwerke und ausgebreiteten Handel pflegen, während Melanesier, Papuas und Australier vor Ankunft der Europäer noch auf der Stufe der Steinzeit standen; und andererseits haben Neger vielfach große, längere Zeit andauernde Staatswesen geschaffen, während bei den östlichen Schwarzen die politischen Einheiten meist nicht weit über den Bereich des Dorfes oder einer kleinen Insel hinausreichten, bezw. sich auf unstät wandernde Einzelhorden beschränkten. Nun ist freilich richtig, daß die Natur Afrikas die Entwicklung einer höheren Kultur mehr begünstigte als die Melanesiens und Australiens, und daß in Afrika außerdem leichter Keime höherer fremder (vornehmlich arabischer) Kultur eindringen konnten; aber dennoch erhält man den Eindruck, daß auch der geistige Boden der Neger aufnahmefähiger ist, als der der Australier, Papuas und Melanesier.

Trotz der nicht ganz geringen geistigen und materiellen Kultur sind die Neger Afrikas doch noch als wirkliche Naturkinder zu betrachten. Dagegen sind die Neger Amerikas in ihren europäischen Kleidern wie Karikaturen ihrer afrikanischen Stammesbrüder anzusehen; in Folge des ständigen und langdauernden Kontaktes mit den Weißen haben sie aber ein höheres Maß von Anpassung an die europäische Kultur gewonnen, was sich z. B. bei den Arbeiten des Panamakanals sehr deutlich zeigte: während schwarze Arbeiter, die man unmittelbar aus Afrika gebracht hatte, kaum zu gebrauchen waren, haben sich die westindischen Arbeiter recht gut bewährt.

Die Angehörigen der gelben Rasse sind zwar über ebenso große Flächen tropischen Bodens verbreitet wie die der schwarzen Rasse. Aber die Hauptmasse dieser Rasse wohnt in der gemäßigten Zone. Hier hat sie auch das höchste Maß geistiger und materieller Kultur entwickelt, und es darf nicht verschwiegen werden, daß die Kultur der Asiaten in vieler Hinsicht der europäischen durchaus ebenbürtig, in manchen Einzelheiten sogar überlegen ist. Wer irgend unbeeinflußt von europäischen Vorurteilen in eine chinesische Stadt oder auf ein chinesisches Feld kommt, den muß ein Gefühl der Hochachtung über das Geleistete beschleichen, wenngleich ihm manches fremdartig, vielleicht sogar komisch erscheinen dürfte. Wennschon die kulturliche und politische Entwicklung der gelben Rasse in Gegenden der gemäßigten Zone ihre Hauptblüte erfahren hat (China und Japan) und wenngleich dort auch die physische Kraft und Leistungsfähigkeit der Einzelvölker im Durchschnitt am höchsten sind, so haben doch auch die tropischen Völker der gelben Rasse großenteils eine sehr bedeutende und durchaus anerkennenswerte Höhe der Kultur erreicht. Allerdings ist daneben eine große Zahl von Stämmen zu beobachten, die noch auf einer außerordentlich tiefen Kulturstufe stehen und keinerlei Anzeichen zu selbständigem Aufstieg erkennen lassen. Während im malayischen Archipel (allerdings unter europäischer Oberherrschaft) noch jetzt zahlreiche blühende Staatswesen bestehen und einzelne polynesische Gebiete, besonders Hawaii und Samoa, ebenfalls bis in die jüngste Zeit hinein wohlgeordnete Königreiche besessen hatten, sind die alten indianischen Kulturstaaten Mittel- und Südamerikas seit Jahrhunderten vernichtet, ihre Kunst, Technik und Wissenschaften bis auf wenige Reste verschwunden; aber trotzdem verspürt man in den Nachkommen noch jetzt deutlich den Hauch alter Kultur, der in ihrem Benehmen oft in überraschender Weise hervortritt. Vor allem pflegt die Fähigkeit zu logischen Schlußfolgerungen bei ihnen kaum seltener zu sein, als bei uns Europäern.

An körperlicher Kraft und Leistungsfähigkeit stehen die Angehörigen der Gelben Rasse den Negern entschieden nach, wenn auch die besser entwickelten Völker den Melanesiern und Papuas darin im Durchschnitt überlegen sind.

Bei dem malayischen wie bei dem amerikanischen Zweig der gelben Rasse ist durch einwandfreie Beobachtung festgestellt, daß die in größerer Höhenlage wohnenden Völker entschieden kräftiger, gesunder, leistungsfähiger sind als die Tieflandbewohner, während bei den Negern die im Tiefland akklimatisierten Völkerteile sich dort ebenso gesund und leistungsfähig erweisen wie die Bewohner des Hochlandes. Man darf daraus auf eine bessere Tropeneignung der Neger schließen.

Wenn aber so den Schwarzen im allgemeinen eine bessere Eignung fürs tropische Tiefland zukommt, so ist andererseits nicht zu übersehen, daß bei den Negern ebenso sehr wie bei andern Tropenvölkern die Gewöhnung an das Klima der engeren Heimat von allergrößter Bedeutung ist. Da die jährliche Wärmeschwankung in den Tropen sehr gering und auch die tägliche Schwankung nur mäßig zu sein pflegt, so sind die Tropenbewohner stets nur an eine enge Wärmespanne gewöhnt, und wenn sie in andere Wärmeverhältnisse kommen, so leiden sie sehr stark darunter. Man hat bei Bahnbauten, Telegraphenreparaturen, Reisen im Tiefland Mittelamerikas ebenso wie bei Kontraktarbeit oder Trägerdienst in Afrika vielfach die Erfahrung gemacht, daß Hochlandsbewohner dem Klima und den gesundheitlichen Gefahren des Tieflands nicht gewachsen sind, sondern leicht erkranken, ja auch wohl an Malaria oder Dysenterie und dergl. sterben, während andererseits Tieflandbewohner bei Verpflanzung ins Hochland oft Erkältungskrankheiten, Lungenentzündung und dergl. anheimfallen. In unserer Heimat dagegen sind die jährlichen Wärmeschwankungen so groß, daß sie weit über den Unterschieden der mittleren Wärme der einzelnen Orte liegen, weshalb auch die Sachsengängerei bei uns nur selten mit erheblichen gesundheitlichen Schädigungen verknüpft ist: der Bewohner der gemäßigten Zone ist gegen Wärmeunterschiede viel weniger empfindlich, als der Tropenbewohner. Selbst die Polen oder Italiener fühlten sich in Lothringen oder im Ruhrgebiet gesundheitlich ganz wohl, indes die Bewohner des ostafrikanischen Hochlandes an der ostafrikanischen Küste gesundheitlich leiden, ähnlich, wenn auch nicht in gleichem Maße, wie die Hochlandsindianer Guatemalas im tiefgelegenen Motaguatal. Ohne darauf eingehen zu wollen, welche Lehren sich aus solchen Beobachtungen für die Regierungen der warmen Länder ergeben sollten, möchte ich hier nur hervorheben, daß auch der einzelne Siedler darauf Rücksicht nehmen könnte und sollte: es gilt, seine Arbeiter womöglich aus klimatisch ähnlichen Gebieten zu nehmen, um Menschen- und Kräfteverluste zu vermeiden. Um das zu ermöglichen, muß man bei der Wahl des Platzes und der zu wählenden Beschäftigung oder Kultur diese Fragen mit in Betracht ziehen. Denn was nutzt ein noch so guter Boden, wenn die zu seiner Bearbeitung herangezogenen Arbeiter das Klima nicht ertragen, also erkranken oder gar sterben und deshalb allmählich nicht mehr in genügender Zahl zur Verfügung stehen?

Wenn aber die farbigen Tropenbewohner im allgemeinen sich als empfindlicher gegen große Wärmeunterschiede erweisen, als die Bewohner der gemäßigten Zonen, so sind sie doch meist innerhalb der ihnen gewohnten Temperaturspanne recht *abgehärtet*, soweit noch nicht der Einfluß von Europäern, Arabern, Indern oder Chinesen sie zur Annahme reichlicher flächenhafter Bekleidung geführt hat. Wo solche Einflüsse fehlten, ist die *Bekleidung* der farbigen Tropenbewohner meist außerordentlich dürftig, vielfach fehlt sie sogar ganz und wo das der Fall ist, da bleiben sie gewöhnlich auch bei Temperaturen, die nach ihrem Gefühl erheblich nieder sind, unbekleidet, während sie andererseits auch auf jeden Schutz gegen Sonnenstrahlen zu verzichten pflegen, weil dieselben ihrer farbigen Haut an sich oder gar nach Einfettung nicht schaden.

Wo immer man die Eingeborenen noch im Zustand geringer Bekleidung trifft, da suche man keine Änderung desselben zu bewirken, denn für Dunkelrassige ist in warmen Tropengegenden Kleidung nicht nur unnötig, sondern sogar oft schädlich. In der Südsee z. B. sind die von der Kultur noch unberührten Eingeborenen vielfach nackt; infolgedessen gehen auch die Wege streckenweise in Flüssen und Bächen dahin, Brücken fehlen in den meisten Fällen völlig. Die so alltäglich beim Wandern erfolgende Durchnässung ist für den nackten Eingeborenen ohne jeglichen Nachteil: sie bringt ihm Abkühlung in der Hitze und hilft seinen Körper sauber halten. Für den Bekleideten ist die häufige Durchnässung aber vielfach nachteilig, besonders sofern er in der nassen Kleidung zu schlafen gezwungen ist, was dann häufig zu Erkältungen führt. Lächerlich ist aber der Einwand, daß geringe Bekleidung gegen die Schicklichkeit verstoße: wer jemals längere Zeit sich unter nackten Männern und sehr dürftig bekleideten Frauen bewegt hat, der wird es gar nicht mehr verstehen können, wie diese ganz unbefangen sich bewegenden Menschen überhaupt Anstoß erregen konnten, und zwar liegt der Gedanke der Anstößigkeit um so ferner, als die dunkle Hautfarbe für unser Gefühl fast wie ein Ersatz der Kleidung wirkt.

Die Unterschiede, die zwischen den einzelnen Rassen und Völkern hinsichtlich ihrer *Charaktereigentümlichkeiten*, *ihrer Intelligenz, ihrer Sitten und Gebräuche* bestehen, sind so groß, daß es nicht möglich ist, allgemeine Urteile mit einem erträglichen Maß von Zuverlässigkeit zu fällen. Dazu kommt, daß innerhalb eines Volkes die einzelnen Persönlichkeiten oft außerordentlich stark voneinander abweichen.

So wie es bei uns Gescheite und Dumme, Gute und Böse gibt,

so ist dasselbe auch bei farbigen Völkern der Fall, und es geht nicht an, mit einem summarischen Urteil alle Angehörigen eines Volkes zu charakterisieren. Immerhin fällt dem Beobachter aber vielfach auf, daß gewisse Charaktereigentümlichkeiten bei den Angehörigen eines bestimmten Volkes oder einer bestimmten Rasse häufiger auftreten als bei denen eines andern, und wer genügende Erfahrungen im Verkehr mit den Angehörigen aller hauptsächlichen Rassen und Völker hätte und sein Urteil unbeeinflußt von Vorurteilen aller Art mit strengster Sachlichkeit und Gerechtigkeit zu formulieren versuchte, der könnte äußerst wertvolle und interessante Mitteilungen über die fremden Völker geben. Nun ist aber niemand so viel gereist, und ist namentlich von den Vielgereisten keiner so tief in das Verständnis des Innenlebens und der Volksseele der verschiedenen Völker eingedrungen, daß er mit der nötigen Sicherheit ein gerechtes Urteil auf Grund eigener Erfahrung zu formulieren vermöchte, und wenn man Europäer frägt, die Jahre, ja Jahrzehnte lang inmitten eines fremden Volkes gewohnt haben und ständig in Berührung mit demselben gestanden haben, so ist man erstaunt zu bemerken, wie weit die Urteile über ein solches Volk von einander abweichen, wie vielfach lobende und tadelnde Gesamturteile neben einander stehen. Auf die Verschiedenheit der Urteile hat vielfach die Art des Berufs, die besondere Einstellung, die der Einzelne zu den Angehörigen des Volkes hat, einen entscheidenden Einfluß. Wenn man mich z. B. über die Kekchi-Indianer befrägt, der ich 12 Jahre lang unter denselben gewohnt, mit Angehörigen derselben gearbeitet und große Fußwanderungen ausgeführt habe, so erhält man ein weit günstigeres Urteil über dieselben, als wenn man etwa einen Kaffeepflanzer oder einen Kaufmann befrägt, der gleich lang mit ihnen zu tun gehabt hat, weil hier das eigene Interesse dem Beobachter vor allem seine Eignung als Plantagenarbeiter oder als Warenkäufer in den Vordergrund rückt, wodurch das Urteil leicht einseitig gefärbt wird. Und wie in diesem Fall, so ist es in unzähligen andern, so daß der Neuankommende gut tun wird, sich nicht ohne weiteres von den Urteilen der ansässigen Europäer beeinflussen zu lassen, sondern vorurteilslos den Angehörigen fremder Völker und Rassen gegenüberzutreten, bis eigene Erfahrung ihn schließlich zu einem bestimmten feststehenden Urteil befähigt.

Besonders ungünstig pflegen stellenweise, vor allem in den Vereinigten Staaten, die Neger von den Weißen beurteilt zu werden. Der Rassenhochmut geht da so weit, daß den Schwarzen besondere Wagen und besondere Wartesäle auf den Bahnen vorbehalten sind, daß ihnen der Zugang zu zahlreichen Hotels oder Badeanstalten verwehrt wird, daß ihnen von Weißen geradezu Verachtung entgegengebracht und gezeigt wird. Daß diese Verachtung auf der andern Seite wieder Haß erzeugt, liegt in der

Natur der Sache, und doch wäre ein gegenseitiges Verstehen bei gerechter Beurteilung und Behandlung der dunkelhäutigen Nebenmenschen recht wohl möglich.

Lassen wir aber die Verhältnisse der Vereinigten Staaten aus dem Spiel, wo sogar in vielen Einzelstaaten Zuchthausstrafe auf die eheliche Verbindung Weißer mit Schwarzen oder mit Mischlingen zwischen Schwarz und Weiß gesetzt ist! Auch in anderen Ländern, wo Weiße zwischen oder neben Schwarzen wohnen, pflegt im allgemeinen die Einschätzung der Neger niedrig zu sein. In der Tat sind lautes Gebahren, Widerspenstigkeit (namentlich nach reichlichem Alkoholgenuß), Unzuverlässigkeit hinsichtlich des Zeitpunktes und der Art der Ausführung übernommener Verpflichtungen, und andere schlechte Eigenschaften der Neger wenig geeignet, sie dem Europäer von Anfang an sympathisch erscheinen zu lassen, und auch ich habe sie in Mittelamerika anfänglich sehr niedrig eingeschätzt, da die stille Würde und Ruhe der Indianer, ihre Zuverlässigkeit und Treue, ihre Selbstbeherrschung einen allzu großen Gegensatz dagegen abgaben. Und doch gewannen mir ihre natürliche Offenheit, ihr kindlicher Frohsinn, ihre rührende Hilfsbereitschaft, die ich in schwerer Not des Hungers kennen gelernt habe, später doch das Herz, so daß ich meine Ansichten gänzlich umschaltete, ohne freilich deshalb von den aristokratischeren Indianern trotz ihrer Verschlossenheit und ihres Mißtrauens geringer denken zu können.

Wir können uns hier nicht näher mit der Charakterschilderung bestimmter Völker befassen, aber wichtig ist es für den Tropenauswanderer zu wissen, daß die Charaktereigenschaften der Angehörigen fremder Rasse in mancher Hinsicht recht stark unter sich und von den unsrigen abweichen, und daß es notwendig ist, damit zu rechnen. Man darf auch nicht vergessen, daß wir selbst von den Eingeborenen nicht nach unseren Vorstellungen dessen, was gut und böse, recht und unrecht ist, beurteilt werden, sondern nach den ihrigen, und es ist für unser ganzes künftiges Verhältnis den Eingeborenen gegenüber, für unsere ganze Stellung äußerst wichtig, wie dies Urteil ausfällt; denn wie soll der Eingeborene vor uns den nötigen Respekt haben, wenn er etwa sieht, daß wir Untugenden fröhnen, die ihm selbst verboten sind (z. B. dem Trunk) oder daß wir Eigenschaften zeigen, die er für verächtlich hält?

So gilt es zwar als kennzeichnende Eigenschaft der Angehörigen von Naturvölkern, daß sie manchmal plötzlich Impulsen nachgeben und jäh aus einer Stimmung in die andere fallen. Das ist in der Tat bei Melanesiern, Polynesiern, Malayen gar nicht selten der Fall, so daß bei solchen Völkern Vorsicht in der Behandlung besonders notwendig ist; auch bei Negern ist die Selbstbeherrschung nicht sehr verbreitet, während andererseits der Indianer ebenso wie der Inder ein hohes Maß dieser

Tugend zu besitzen pflegt. Bei den Weißen dagegen mangelt es in dieser Hinsicht oft außerordentlich. Wie oft läßt sich der Europäer zum Zorn hinreißen und vergißt dann in Worten und Taten jene Mäßigung, die eines charaktervollen Menschen würdig ist! Kein Wunder, daß der Indianer, dem Mäßigung in allen Dingen und vor allem vollste Selbstbeherrschung als wichtigste Charaktereigentümlichkeiten eines tüchtigen Menschen erscheinen, im Grund seines Herzens jeden Europäer als unerzogen, als tief unter ihm selbst stehend betrachtet, der nicht seine Gefühle so weit in der Gewalt hat, daß er in allen Lebenslagen wenigstens die äußere Ruhe zu bewahren vermag. Der Indianer gewisser Gegenden schätzt die Mäßigung sogar vielfach so sehr, daß selbst seine Unterhaltung in leise gesprochenen Worten erfolgt, — vorausgesetzt, daß nicht reichlich genossener Alkohol ihn zur Hebung der Stimme anregt — und daß er jedes laute Kommando, vor allem aber polternden Kasernenton unangenehm empfindet, daßer jeden, der so spricht, für ungebildet hält.

Wer in solche Gegenden kommt, dem bleibt nichts anderes übrig, als die von den Eingeborenen geübte und verlangte Selbstbeherrschung und Mäßigung zu lernen, wenn er überhaupt in deren Augen als respektabler Mann gelten will — was doch natürlich die erste Vorbedingung jeglichen Ansehens, aber auch jeglichen Erfolgs inmitten der Eingeborenenbevölkerung ist!

Szenen, wie wir sie z. Zt. alltäglich vor Bahnschaltern, in Eisenbahnwagen, vor Lebensmittelstellen und dergl. beobachten, Szenen, wo manchmal jede Rücksicht auf Alter und Geschlecht ausgeschaltet scheint und jeder einzelne nur auf sich bedacht ist, wo jeder nervös hetzt und jagt, sind bei gar vielen der von uns Europäern so von oben herab betrachteten Naturvölker ganz undenkbar! Und das laute Getöse und Stimmengewirr so mancher unserer Abendgesellschaften, in denen jeder einzelne ungeniert sich laut mit seinem Nachbarn unterhält, würden manchem Angehörigen eines Naturvolks geradezu als barbarisch erscheinen.

Ich gehe nicht so weit, mit Seume ganz allgemein zu behaupten, daß die „Wilden" bessere Menschen wären wie wir; aber ich habe doch bei verschiedenen Völkern gar manche Eigenschaft vorgefunden, die vortrefflich ist und bei uns weniger gepflegt wird als sie verdiente, und glaube daher, daß wir zu Rassenhochmut trotz unserer hochgesteigerten äußeren Zivilisation und unserer so leistungsfähigen Technik wenig Grund haben. Wir können sogar in technischen Dingen, wie Jagd, Fischfang, Ackerbau, auch Konservierungsmethoden gar vieles von den Naturvölkern lernen, was der Natur ihres Wohnorts besser entspricht, als unsere heimischen Gebräuche.

Aber wenn wir bei den fremdartigen Völkern gar manche guten Eigenschaften beobachten, die wir nicht in gleichem Maß besitzen, wie Fleiß und Genügsamkeit beim Chinesen, innere Beschaulichkeit und äußere Ruhe beim Hindu, Selbstbeherrschung und Geduld beim Indianer und dergl., so fehlt es uns freilich auch nicht an der Möglichkeit, da und dort bei denselben oder anderen Völkern manche böse Eigenschaften zu bemerken, die uns im Verkehr mit ihnen gefährlich werden könnten; so Spielsucht und Wucher bei Chinesen, Hartherzigkeit und selbst Grausamkeit bei Indianern, Neigung zur Gewalttat bei Negern, gelegentliche unmotivierte, auf Blutopfer ausgehende Raserei (Amok) bei Malayen, Hinterhalt und Rachsucht bei Melanesiern und dergl. Wie so mancher weiße Händler, der die Eingeborenen als seine guten Freunde ansah, ist heimtückisch jählings von ihnen erschlagen worden! Aber freilich, ganz ohne Grund dürfte das nie erfolgt sein; denn im allgemeinen lebt bei allen Naturvölkern ebenso, ja fast noch mehr als bei Kulturvölkern, das Verlangen nach Gerechtigkeit, und man darf wohl annehmen, daß der erschlagene Händler oder Reisende vorher irgend einmal etwas getan hat, was das Rechtsgefühl der Eingeborenen verletzt hat, und was dann, vielleicht nach Jahr und Tag, noch eine späte Sühne gefunden hat. Was der Eingeborene als sühneheischenden Eingriff betrachtet, kann unter Umständen eine Handlung sein, die wir Europäer für gleichgültig oder wenigstens kaum verletzend betrachten würden, aber das Rechtsgefühl der Eingeborenen, ihr überkommenes, durch lange Überlieferung geheiligtes und in ihren Herzen verankertes Recht, ist eben oft von dem unsrigen sehr verschieden, und es empfiehlt sich für den neuangekommenen Europäer sehr, sich über die Rechtsanschauungen, Sitten und Gebräuche der Eingeborenen zu unterrichten, um etwaige Zusammenstöße, die sich aus der Unkenntnis entwickeln könnten, zu vermeiden. Bei den sanftmütigen Indianern der alten Hochlandskulturreiche des tropischen Amerika ist zwar eine Unkenntnis ihrer Rechtsanschauungen kaum von Belang, wohl aber bei Malayen und Melanesiern; ja bei manchen tiefstehenden Völkern genügt es auch wohl, daß einmal ein Weißer ein Unrecht beging, das die Eingeborenen dann an einem beliebigen andern Weißen rächen, der ahnungslos später einmal in ihr Gebiet kommt und nun das Sühneopfer für das Vergehen eines Rassegenossen bilden muß! Ein solches Verfahren erinnert an ein unerzogenes Kind, das in seiner Wut nach beliebigen Personen oder Sachen schlägt, die gar nicht den ursprünglichen Reiz ausgeübt hatten. Es ist überhaupt eine vielfach gemachte Beobachtung, daß das Verhalten der Naturvölker in vieler Hinsicht etwas Kindliches, oft selbst Kindisches verrät — nach der guten wie nach der schlechten Seite hin.

Wie das Rechtsempfinden der Fremdrassigen und Fremdvölkischen sich von dem unsrigen oft sehr stark unterscheidet, so auch ihr ganzes Seelenleben, ihr Fühlen und Empfinden. Wer irgend den Eingeborenen innerlich näher kommen will, der muß vor allem ihr Geistesleben und ihre Stammesbräuche genauer kennen, was im allgemeinen im unmittelbaren Verkehr nur nach gründlicher Erlernung ihrer Sprache und nach Gewinnung ihres Vertrauens möglich ist. Auch der einfache europäische Siedler tut gut, sich über die Eingeborenen und ihr Innenleben wenigstens so weit zu unterrichten, daß er sie versteht und demgemäß richtig zu behandeln vermag — was eine wichtige Vorbedingung des Gelingens aller Unternehmungen ist, die farbige Arbeiter zu verwenden gezwungen sind. Wer vorurteilslos und mit einem gewissen Wohlwollen den Eingeborenen gegenübertritt, der wird an den besseren Elementen derselben bald erkennen, daß auch unter der dunklen Haut gute Herzen schlagen, und daß mancher Eingeborene es mit den Besten unserer Rassen an Trefflichkeit des Charakters aufnehmen kann, ja daß mancher auch an logischer Schärfe oder selbst dichterischer oder bildnerischer Phantasie Bedeutsames zu leisten vermag. Eine solche Erkenntnis ist im Stande, uns allmählich gründlich von unseren überkommenen Vorurteilen zu heilen; andererseits aber vermag sie auch (in Verbindung mit genügender Kenntnis der Stammessitten und Gebräuche) in uns jenen Takt im Verkehr mit den Eingeborenen hervorzurufen, der dem Europäer allein die Möglichkeit gibt, in den verschiedenartigsten Lagen jeweils das richtige Verhalten zu treffen, was namentlich für die Leiter größerer, arbeiterreicher Unternehmungen von entscheidender Bedeutung sein kann.

Bei sonst gleichen Umständen wird man dem kindlichen, innerlich und äußerlich robusten Neger oder dem unterwürfigen Chinesen weit eher einmal mit scharfen Worten, gelegentlich auch wohl mit Schlägen oder anderen empfindlichen Strafen kommen dürfen, als dem innerlich zartfühlenden Indianer oder gar dem rachsüchtigen Malayen. Unter allen Umständen darf aber eine Strafe nur verhängt werden, wenn sie nicht nur nach unserem Rechtsgefühl, sondern auch nach dem der Eingeborenen verwirkt ist; in solchen Fällen pflegt sie dann auch der Eingeborene ohne Widerspruch hinzunehmen, ohne daß sein Verhältnis zum Herrn ungünstig beeinflußt würde, sofern dieser den Takt besitzt, ihn später nicht immer wieder daran zu erinnern. Ich habe so manchen Pflanzer gekannt, der vortrefflich mit seinen Leuten auszukommen wußte, obgleich er sie kräftig anpackte und zu energischer Arbeit antrieb. Geradezu vergöttert wurde auf Neumecklenburg (Deutschneuguinea) der Bezirksamtmann Boluminski, obgleich er seinen Bezirk in strengster Ordnung hielt und die Melanesier unerbittlich zur Arbeit und zur Steuerzahlung heranzog. Das Geheimnis seines ungewöhnlichen Erfolges bestand in seiner absoluten Gerechtigkeit, in seiner tiefgehenden Kenntnis der Volksseele, der Volkssitten und Umgangssprache und in seinem warmen Mitgefühl für seine schwarzen Pflegbefohlenen, ein Mitgefühl, das diese rasch sehr wohl erkannten und mit Liebe erwiderten. Dazu kam, daß er vielfach mit scherzenden Worten ihr Herz gewann, und ich möchte nicht versäumen darauf hinzuweisen, daß ein Scherzwort zur rechten Zeit die Eingeborenen aller Rassen meist weit leichter zu energischer Arbeit anfeuert, als strenger Befehl und saure Miene!

Wer die Eingeborenen und ihre Sitten genau kennt und mit ihnen in ihrer Umgangssprache zu sprechen versteht und zudem über den nötigen pädagogischen Takt verfügt, der wird überall auch gute Erfahrungen mit ihnen als Arbeitern machen. Wohl ist ihre Intelligenz vielfach weniger entwickelt (und zwar bei Angehörigen der schwarzen Rasse wohl häufiger als bei denen der gelben), aber überall finden sich doch auch wieder gescheitere Köpfe und geschicktere Hände, die den schwierigeren Aufgaben gewachsen sind, und wer sichs nicht verdrießen läßt, mit Geduld und Nachsicht arbeitsungewohnte Gesellen allmählig zu geschickten Helfern umzugestalten, der wird überall gute Erfolge erzielen. Nach den Erfahrungen, die ostafrikanische Pflanzer berichten, sind freilich Neger viel schwerer und langsamer zu brauchbaren Plantagenarbeitern zu erziehen als etwa Indianer, Malayen oder Chinesen, aber schließlich gelingt es auch bei ihnen, und man darf füglich sagen, daß zwar Arbeitswille und Arbeitsleistung der tropischen Eingeborenen stark unter dem europäischen Mittel stehen, daß aber doch überall bei genügender Arbeiterzahl auch in den Tropen Erfreuliches geleistet werden kann. Die Klagen vieler Pflanzer über die geringwertigen Arbeitsleistungen der Eingeborenen, über ihren mangelnden guten Willen und dergl. sind vielfach übertrieben, und die Tatsache, daß neben Plantagen mit ungenügenden Arbeitserträgnissen trotz gleichartiger Produktionsbedingungen oft solche mit recht guten vorhanden sind, zeigt, daß vielfach die Schuld an dem betreffenden Pflanzer liegt, der die Leute nicht richtig zu behandeln versteht. Die richtige Art der Behandlung kann erst nach engerer Fühlungnahme mit dem betreffenden Volk allmählig erlernt werden; sie muß natürlich bei den verschiedenen Völkern auch verschieden sein, so daß sich keinerlei allgemeine Regeln angeben lassen. Dem Neuankömmling werden die Ratschläge älterer Siedler anfänglich einen gewissen Fingerzeig für sein Verhalten geben können; aber man nehme solche Ratschläge nicht als feste Normen hin, sondern prüfe selbst und entscheide sich nach eigener Erfahrung, nach eigenem Gefühl, nach eigener Überlegung.

Rassenhochmut muß ausgeschaltet bleiben, wenn ein inneres Verhältnis und ein fröhliches Zusammenarbeiten mit den Eingeborenen erreicht werden soll. Aber damit ist nicht gesagt, daß man sich etwa auf gleiche Stufe mit den Eingeborenen in Sitten, Gebräuchen und Redeweise stellen soll; vielmehr muß immer Abstand gewahrt bleiben, damit der Eingeborene den nötigen

Respekt behalte. Ein gesunder Rassestolz muß den Siedler davor bewahren, sich mit den Eingeborenen allzusehr auf eine Linie zu stellen; er muß die Grenze einhalten können, die zwischen Weißen und Farbigen einmal besteht, und soll nie vergessen, was er dem Ansehen seiner eigenen Rasse schuldig ist. Er vermeide darum auch, eine Ehe mit einer farbigen Frau einzugehen; denn dadurch würde ja seine Nachkommenschaft aus der Klasse der Weißen ausscheiden. Wir müssen aber versuchen, auch künftighin die Herrenstellung der Weißen in den Ländern mit farbiger Bevölkerung aufrecht zu erhalten, so schwer das auch nach diesem Krieg uns werden mag!

In den meisten Gegenden sind die Eingeborenen mißtrauisch gegen die Weißen, was man nach den trüben Erfahrungen, die sie vielfach früher mit ihnen gemacht haben, wohl begreifen wird, und der große Krieg, der ihnen in vielen Gegenden den Haß und die Zwietracht der Weißen untereinander in so häßlichem Lichte gezeigt hat, war auch nicht geeignet, ihr Mißtrauen zu verscheuchen und sie mit besonderer Hochachtung vor den Europäern zu erfüllen. War es schon bisher schwer, das Vertrauen der Eingeborenen zu erringen, so ist es jetzt in den Ländern, wo der Krieg sich fühlbar gemacht hat, vollends schwer geworden; und doch ist es notwendig, danach zu streben, da gegenseitiges Vertrauen die sicherste Grundlage einer ersprießlichen Zusammenarbeit mit den Eingeborenen und eigenen geschäftlichen Erfolgs ist.

3. Die Europäer in den warmen Ländern.

Die weiße Rasse hatte ursprünglich ihre Wohnsitze außerhalb der Tropen. Jedoch waren einzelne Völker der Tropengrenze schon in uralter Zeit nahe gekommen (wie die indogermanischen Perser) oder hatten sie selbst überschritten (wie die Semiten in Arabien). Was aber sonst an Weißen jetzt innerhalb der Tropen oder in tropennahen Gebieten wohnt, ist erst in verhältnismäßig später Zeit eingewandert.

Die erste große Einwandererwelle der weißen Rasse rückte zu Land auf asiatischem Boden südwärts vor; es war die arische Welle in Indien etwa im 2. vorchristlichen Jahrtausend. Von ihrem Menschenmaterial ist nur ein Bruchteil reinblütig geblieben, während ein großer Teil durch Aufnahme farbigen Blutes sich verändert hat.

Neue große Völkerwellen der weißen Rasse gingen vom Ende des Mittelalters an zur See von Europa aus und brandeten in raschem Ausgreifen bald an allen tropischen Gestaden der Erde an.

Zuerst haben die Portugiesen und Spanier in kühnem Entdecker- und Eroberungseifer die wichtigsten Tropenländer mit ihren Schiffen erreicht, und nachdem Papst Alexander VI. 1493 die außereuropaischen Gebiete zwischen Spanien und Portugal geteilt hatte, da schien es, als ob alle Tropenlander diesen beiden Staaten vorbehalten bleiben würden: Afrika, Indien, die Sundainseln und Molukken, sowie Brasilien waren den Portugiesen, die Philippinen, die Südseeinseln und ganz Amerika mit Ausnahme Brasiliens den Spaniern zugefallen. Mit uberraschender Tatkraft haben beide Nationen das ihnen zugefallene riesige Erbe zu entwickeln versucht, was ihnen namentlich auf amerikanischem Boden vortrefflich gelang, wo das europagroße Brasilien noch heute portugiesische Sprache und Kultur pflegt, wahrend ein noch größeres Gebiet spanisches Geprage besitzt.

Aber die Erfolge der beiden sudeuropaischen Völker regten bald den Wetteifer der benachbarten atlantischen Staaten Europas an· vor allem Englands, Frankreichs, Hollands, später auch Danemarks und Schwedens. Dieselben wandten sich zunachst namentlich Nordamerika auf Kosten der spanischen Anspruche zu. In Sudafrika, Indien und der australasiatischen Inselwelt setzten sich die Holländer zu Beginn des 17. Jahrhunderts an die Stelle der Portugiesen, die neben ihren großen afrikanischen Besitzungen spater nur noch ganz kleine Landflachen an der vorderindischen Kuste, in den kleinen Sundainseln und an der sudchinesischen Kuste behielten. Südafrika und Indien verloren die Holländer zu Beginn des 19. Jahrhunderts an England; doch waren ihre Kultur und Sprache dort bereits so fest begrundet, daß sie sich erfolgreich neben der englischen zu behaupten vermocht hat (Buren)

Von den unentwickelt gebliebenen Gebieten Afrikas, Sudasiens, Australiens und der Südsee nahmen sich im Lauf der Zeit England und Frankreich einen erheblichen Teil, und am Ende des 19. Jahrhunderts traten neben die alten tropenkolonialen Nationen auch Deutschland, Italien, Japan und die Vereinigten Staaten erfolgreich als Wettbewerber. Die Tropenwelt war nun verteilt. Aber der für uns so ungluckliche Ausgang des Krieges hat uns zu unserem großen Schmerze unserer eigenen bluhenden Kolonien beraubt und uns aus der Reihe der Kolonialmachte vorlaufig gestrichen. Ich sage ausdrücklich: vorlaufig, denn in unseren Kolonien hatten wir in der kurzen Zeit unseres Besitzes so große Kulturerfolge zu verzeichnen, daß wir alles moralische Anrecht auf Wiedergewinnung derselben haben und fest vertrauen dürfen, daß eine gerechtere Zukunft sie uns wieder geben wird! Daß wir freilich die deutsche Sprache in unseren Schutzgebieten noch nicht einzuburgern vermocht hatten, ist sehr zu bedauern und wird nach der Wiedergewinnung der Kolonien nachzuholen sein, wie man dann auch alle Anstrengungen wird machen mussen, eine stärkere bodenständige deutsche Bevölkerung in ihnen zu verankern.

Wie die politische Karte der warmen Länder sich im Einzelnen gestalten wird, wissen wir noch nicht genau. Aber so viel ist sicher, daß vorläufig spanisches, portugiesisches, englisches, französisches und holländisches Kulturgebiet — neben etlichen Sondergebieten von Eigenkultur (Abessinien, Siam, China) die gesamte Tropenwelt beherrschen, nachdem Dänemark und Schweden ihren kleinen ehemaligen westindischen Besitzungen keinen Sondercharakter zu geben vermocht hatten. Der Tropeneinwanderer wird sich also einem dieser Kulturgebiete zuwenden müssen und muß daher das Wichtigste über die charakteristischen Unterschiede derselben wissen. Ich bemerke dabei, daß in mancher Hinsicht die spanischen und die portugiesischen Kulturgebiete miteinander übereinstimmen, während andererseits auch holländische und englische Gebiete trotz erheblicher Verschiedenheiten wieder einander stark ähneln, indeß die französische Kolonialwelt in gewissem Sinn zwischen diesen beiden Gruppen steht. Kulturlich stehen die Franzosen den Spaniern und Portugiesen nahe und bilden mit ihnen die lateinische Gruppe (im Gegensatz zur germanischen); in ihrer körperlichen Tropeneignung stehen sie und die Belgier den Engländern und Holländern näher, mit denen sie im Gegensatz zur südeuropäischen eine Gruppe bilden, die wir mit einem kurzen Ausdruck als nordeuropäische bezeichnen wollen, weil wir dann auch in der Lage sind, Deutsche, Skandinavier, Polen und Russen usw., die sich in ihrer physischen Tropeneignung ähnlich verhalten, einbegreifen zu können.

Die ältesten weißen Tropenbesiedler waren Portugiesen und Spanier, also südeuropäische Völker, die schon in ihrer Heimat während eines großen Teils des Jahres an hohe Wärmegrade gewöhnt sind, und daher klimatisch besser geeignet sind als ihre nördlichen Nachbarvölker, ständig hohe Hitze zu ertragen. Dazu kommt, daß sie durch Vermischung mit manchen aus Afrika herübergekommenen semitischen und hamitischen, selbst Neger-Elementen zum Teil schon einen gewissen Anteil am Erbe hitzegewohnter Völker erhalten haben und dadurch noch bessere Tropeneignung erwarben. Läßt sich letzteres Moment nicht greifbar darstellen, so sind wir dagegen in der Lage, die Wärmeverhältnisse der iberischen Halbinsel in zahlenmäßigen Vergleich mit denen tropischer Länder sowie mittel- und nordeuropäischer Gebiete zu setzen. Um nicht durch allzuviele Zahlen abzuschrecken, teile ich nur ganz wenige mit: diejenige von Sevilla, als der südspanischen Stadt, von der aus die meisten Auswanderer der Frühzeit spanischer überseeischer Entdeckungs- und Eroberungsfahrten ausgingen, von Habana, der Hauptstadt Cubas, und von Mexico, der Hauptstadt der gleichnamigen Republik, (beide in der Nähe des Wendekreises gelegen und daher schon durch ansehnliche jährliche Wärmeschwankung ausgezeichnet), von

Herbertshöhe, der früheren Hauptstadt Deutsch-Neu-Guineas, als Beispiel aus den inneren Tropen der südlichen Halbkugel, und von einer der wärmsten deutschen Städte: Frankfurt a. M. Die Zahlen stellen die Mitteltemperaturen der betreffenden Monate und Jahre in Graden des 100teiligen Thermometers (Celsius) dar.

	Seehöhe	Jan.	Febr.	März
Sevilla 37° 23′ Nördl. Br.	20 m	11,2	13,3	15,3
Habana 23° 09′ „ „	19 m	21,3	22,2	23,0
Mexico 19° 26′ „ „	2278 m	12,2	13,8	15,8
Herbertshöhe 4° 20′ S.Br.	70 m	26,1	25,8	25,9
Frankfurt a. M. 50° 07′ „	105 m	0,0	1,8	4,8
	Apr.	Mai	Juni	Juli	Aug.
Sevilla	17,7	20,9	25,6	29,3	29,4
Habana	24,6	26,2	27,4	27,7	27,5
Mexico	17,9	18,3	17,7	16,9	16,7
Herbertshöhe	25,8	26,0	25,5	25,2	23,2
Frankfurt a. M.	9,7	14,0	17,8	19,3	18,6
	Sept.	Okt.	Nov.	Dez.	Jahr
Sevilla	25,6	20,2	15,6	11,6	19,6
Habana	26,9	25,5	23,7	22,0	24,8
Mexico	16,2	14,8	13,8	11,9	15,5
Herbertshöhe	25,5	25,8	26,0	26,0	25,7
Frankfurt a. M.	15,0	9,6	4,3	0,8	9,6

Ich füge noch hinzu, daß im Durchschnitt vieler Jahre die tiefsten und höchsten Wärmegrade waren

zu Sevilla	+ 0,2	und + 46,5 ° C
zu Habana	+ 11,8	und + 36,2 ° C
zu Mexico	+ 0,8	und + 29,5 ° C
zu Herbertshöhe	+ 19,8	und + 33,7 ° C
zu Frankfurt	— 13,6	und + 33,1 ° C

Wenn wir diese wenigen Zahlen mustern, so erkennen wir, daß im südlichen Spanien die mittlere Wärme der Sommermonate schon durchaus denen der wärmeren Jahreszeit tropischer Stationen ebenbürtig ist, ja daß sie im Hochsommer (Juli-August) sogar weit über die tropischer Tieflandstationen hinausgeht, und wir begreifen, daß Bewohner iberischer Tiefländer auch im tropischen Tiefland sich verhältnismäßig leicht eingewöhnen können, während das Nordeuropäern nur ausnahmsweise gelingen kann, weil diese durchweg an viel kühlere Mitteltemperaturen gewöhnt sind und und selbst im wärmsten Monat (Juli) tief unter der tropischen Mittellinie bleiben. Für Südspanien sind selbst die Wintertemperaturen so mild, daß stellenweise sogar tropische Agrikultur möglich ist (Malaga z. B.), während allerdings anderwärts gelegentliche Kälteeinbrüche den Anbau tropischer Nutzgewächse unrentabel machen, indem sie von Zeit zu Zeit die Kulturen vernichten würden.

Wenn Spanier und Portugiesen schon im tropischen Tiefland verhältnismäßig leicht sich eingewöhnen können, so geschieht das noch viel leichter im Hochland, wo die Wärmegrade während des Sonnentiefstands denen ihrer europäischen Heimat außerordentlich ähnlich sind, indeß sie zur Zeit des Sonnenhochstands sogar wesentlich tiefer sind.

Gegenüber diesen Übereinstimmungen sind die Wärmeunterschiede zwischen einem tropischen Hochland und einem mitteleuropäischen Tiefland doch schon recht erheblich. Immerhin entsprechen sich wenigstens die Temperaturen des Sonnenhochstands ziemlich gut, und bei der Gleichmäßigkeit des tropischen Wärmegangs kann man wohl sagen, daß etwa in Mexico-Hauptstadt während des ganzen Jahres Temperaturen herrschen, die denen unseres Mai und Juni ungefähr entsprechen. Das sind Wärmegrade, die auch dem Nordeuropäer noch ein gutes Eingewöhnen ermöglichen, und es kommen immerhin bereits so kühle Temperaturen vor, daß er seine körperliche und geistige Spannkraft voll zu wahren vermag.

Aber freilich hinsichtlich des Regenfalls sind die Unterschiede für den Mitteleuropäer recht groß. Wohl sind die jährlichen Regenmengen etwa des mexikanischen Hochlands und vieler anderer tropischer Hochländer denen Süd- und Mitteleuropas ziemlich ähnlich, aber in der Verteilung besteht ein großer Unterschied, insofern in unseren heimatlichen Gebieten das ganze Jahr über Niederschläge fallen, während in Südeuropa wie auf dem Hochland von Mexiko die Hälfte des Jahres trocken oder wenigstens sehr niederschlagsarm ist. Daß diese Trockenzeit in Südeuropa in unseren Sommer, in Mexico in unseren Winter fällt, ist dabei von geringerem Belang.

Während Spanier und Portugiesen im Tiefland der amerikanischen Tropen die Mehrzahl der altweltlichen tropischen Kulturpflanzen, (Zuckerrohr, Bananen u. a.), sowie ihre heimischen Haustiere (Pferd, Rind, Schaf, Ziege, Schwein und dergl.) einführten, haben sie andererseits der alten Welt die neuweltlichen tropischen Kulturpflanzen, wie Kakao, Mais, Tabak und vieles andere gebracht und sind dadurch große Wohltäter der Menschheit geworden. Andererseits vermochten sie aber bei der Ähnlichkeit der klimatischen Bedingungen in die tropischen Hochländer neben ihren Haustieren und manchen in wärmeren Gebieten Südeuropas gebräuchlichen Nutzpflanzen, wie Orangen und Zitronen, auch unsere europäischen Getreide- und Obstarten einzuführen. Sie haben damit die amerikanischen Hochländer zu Inseln europäischer Landwirtschaft inmitten einer rein tropischen Umgebung umgewandelt und ihnen damit ein ganz anderes Aussehen, ihrer indianischen Bevölkerung ein viel reicheres Feld wirtschaftlicher Betätigung verschafft, als sie vordem besessen hatten. (Aber auch das amerikanische Hochland hat der gesamten Erde neben kleineren Dingen ein Geschenk allererster Größe gemacht, das gerade in unserer deutschen Heimat hervorragende Bedeutung gewonnen hat: die Kartoffel.)

Wenn so Spanier und Portugiesen sich durch Ausbreitung von Haustieren und Nutzpflanzen ein ganz besonderes Verdienst um die Menschheit erworben haben, haben sie andererseits aber auch entsprechend dem Geist kleinlicher damaliger Wirtschaftspolitik durch Monopole, Handels- und Anbaubeschränkungen den Fortschritt ihrer Kolonien lange gehemmt, was später viel zum Abfall ihrer amerikanischen Kolonien beigetragen hat. Besonders engherzig hatten die Portugiesen sich das Handelsmonopol in Gewürzen vorbehalten — (eine Methode, die übrigens ihre Nachfolger im Besitz der Gewürzinseln, die Holländer, noch sehr lange aufrecht erhalten hatten).

Unter allen kolonisierenden Völkern der Erde haben die Spanier den größten Scharfblick und das größte Geschick in tropischer Kolonisation erwiesen. Mit unglaublicher Tatkraft haben sie nicht nur die Küstengebiete, sondern auch alsbald weite Binnenflächen in Besitz genommen und mit Siedlern besetzt, wobei sie vielfach das politische Schwergewicht ins Hochland verlegten. Damit sicherten sie einem großen Teil ihrer Volksgenossen die Möglichkeit eines gesunden Aufenthalts und dauernder Festsetzung inmitten der Tropen, wie denn noch bis heute eine nicht ganz unerhebliche Zahl spanischer Familien sich in diesen Hochländern seit dem 16. Jahrhundert reinblütig und doch tatkräftig erhalten konnte. Durch dieses rasche Ausgreifen ins Binnenland erhielt die tropenkolonisatorische Betätigung der Spanier von Anfang an einen kontinentalen Zug, der sie in einen gewissen Gegensatz setzte zu den andern Kolonialvölkern der Erde, die zögernd an den Küsten und damit an ihrer maritimen Operationsbasis klebten und von dort aus einen kleinen Teil der Nachbargebiete ausbeuteten, um sich erst sehr spät zu allmähligem Vordringen ins Binnenland zu entschließen.

Spaniern und Portugiesen kann der Vorwurf unnötiger Grausamkeit bei ihren Kolonisationsunternehmungen nicht erspart werden; aber wo sie grausam handelten, geschah es gegen den Willen der Heimatregierungen; auch besaßen sie meist Einsicht genug, die Eingeborenen nicht zu vernichten, so daß eine mehr oder minder große Zahl übrig blieb. Da nun die Europäer größtenteils ohne Frauen ins Land gekommen waren, so verbanden sie sich rasch mit einheimischen Frauen, und die Folge war in Amerika und anderen Erdteilen das Heranwachsen einer Mischlingsbevölkerung, die gegenwärtig in den meisten Ländern des lateinischen

Amerika das Übergewicht hat und Tragerin der politischen Macht geworden ist. Das Urteil der Europaer uber die *Mischlinge* ist im allgemeinen wenig günstig, und haufig hört man die Behauptung, daß die Mestizen die Fehler ihrer beiderseitigen Vorfahren in sich vereinigten, ohne ihre Vorzüge ubernommen zu haben. Ein solches Urteil ist aber ungerecht; wohl muß man zugeben, daß Zuverlassigkeit und Ehrlichkeit bei ihnen seltener sind als bei uns, aber es mangelt doch auch nicht an trefflichen Mannern. Die Intelligenz ist meist gut entwickelt, und die Zahl der tuchtigen Ärzte, Ingenieure und Rechtsgelehrten, auch Geschichtsschreiber, Dichter, Musiker, Maler usw. ist gar nicht gering, wie andererseits auch eine nicht kleine Zahl tüchtiger Pflanzer, Kaufleute u. sonstiger Unternehmer festgestellt werden kann. Die geschäftliche Moral ist in vielen lateinamerikanischen Landern durchschnittlich recht gut. Wennschon jetzt Einheimische im geschäftlichen Leben eine erhebliche Rolle spielen, so darf doch nicht verschwiegen werden, daß der *Aufschwung des Wirtschaftslebens durchaus auf Weiße* (Englander, Deutsche, Nordamerikaner, Franzosen u. a.) *zuruckzufuhren ist*, die im Laufe des 19. Jahrhunderts eingewandert sind. Sie haben die Rolle eines Kulturferments gespielt und spielen sie noch; zudem haben sie vielfach erst das nötige Kapital ins Land gebracht.

Im portugiesischen und spanischen Kulturgebiet ist seit alter Zeit eine starke *Vorliebe für gewählte Formen in Umgang und Redeweise* zu Hause, und es ist den Neuansiedlern dringendst anzuraten, sich nicht nur die herrschende Landessprache, sondern auch die formellen Gewohnheiten der ansässigen Bevölkerung anzueignen, weil dies die Grundlage jeglichen Erfolges ist. Es gilt, die Formlosigkeit abzustreifen, die in unserer deutschen Heimat so viel verbreitet ist, es gilt, sich den herrschenden Sitten des Landes anzupassen, aber auch in dem Schwall schöner Redensarten und Versprechungen, mit denen man anfanglich freigebigst uberschüttet zu werden pflegt, nicht mehr zu suchen, als eine höfliche Form, ohne die Erfüllung des Versprochenen zu erwarten; es gilt, sich selbst zu beherrschen und unter allen Umstanden die außere Ruhe und Höflichkeit zu wahren, wenn es auch im Innern kocht; denn wer die Ruhe verliert, der ist in einem latenten oder offenen Konflikt gegenuber diesen Leuten, die sich fast immer aufs Beste zu beherrschen vermögen, sicherlich immer im Nachteil!

Die *Verwaltung* ist in den Landern des lateinischen Amerika vielfach gar nicht schlecht, sie ist aber im allgemeinen weit mehr persönlicher Art als bei uns, weil die Regierungsoberhaupter wie die niedrigeren Obrigkeiten sich vielfach wenig nach den geschriebenen Verordnungen richten, sondern oft recht willkürlich vorgehen. Aus dieser Tatsache ergibt sich fur die Landesbewohner die Notwendigkeit oder wenigstens Ratlichkeit, sich ihrerseits möglichst auf guten Fuß mit den obrigkeitlichen Personen zu stellen.

Wenn die Verwaltung vielfach recht gut arbeitet, so ist dagegen die Rechtsprechung im allgemeinen schleppend und wenig vertrauenerweckend, auch in ihren Grundanschauungen vielfach von unserem Rechtsempfinden verschieden, so daß man dem Weißen nur raten kann, das Gericht möglichst wenig anzurufen. Dieser Rat ist um so mehr angebracht, als Landeskinder häufig ganz ersichtlich vor den Fremden bevorzugt werden. Was nutzt es, daß die erlassenen Gesetze im lateinischen Amerika oft wahre Meisterwerke nach Form und Inhalt sind, wenn so oft nicht nach ihrem Sinn und Buchstaben entschieden wird?

Wenn wir in der Heimat viel über Büreaukratismus klagen, so darf gleich erwähnt werden, daß derselbe im lateinischen Amerika keineswegs geringer ist als bei uns; ja der Neuankömmling wird sich schon bei den Zollformalitäten vielfach überzeugen, daß die Lateinamerikaner Meister sind in verwickelten, ins Einzelste gehenden Vorschriften, die gar nicht selten sogar noch durch Schikanen verschärft werden. —

Ein ganz anderes Bild bieten die holländischen und englischen Tropenkolonien (denen sich in vieler Hinsicht unsere deutschen angeschlossen hatten). Hier sind die Kolonisatoren ausgesprochene Nordeuropäer, gewöhnt an kühles Klima, und darum im allgemeinen ungeeignet zu dauernder Ansiedlung in den Tropen. Das ziemlich gleichmäßige Seeklima ihrer Heimat nähert sich freilich dem tropischen insofern einigermaßen, als es verhältnismäßig geringe jährliche Wärmeschwankungen aufweist, aber gerade dadurch sind diese Nordeuropäer an längerdauernde intensive Hitze von Hause aus gar nicht gewöhnt. Kein Wunder, daß in den englischen und holländischen Kolonien die Mehrzahl der Europäer in längeren oder kürzeren Zwischenpausen nach ihrer Heimat zur Erholung zurückzukehren pflegt, während die Kinder vielfach überhaupt in Europa aufgezogen werden. Holländer und Engländer sind ausgesprochen seefahrende Völker; daher begreift es sich auch, daß sie ihre Hauptsiedelungen an der Küste errichteten, von wo aus sie zu Schiff immer in Verbindung mit der Heimat blieben. In den Küstensiedelungen ruhte alle Zeit das politische Schwergewicht ihrer Tropenkolonien, und verhältnismäßig spät erst hat sich die Erkenntnis durchgerungen, daß die Hochländer als Siedelungs-, Akklimatisations- und Erholungsgebiete gerade für die Nordländer von größter Bedeutung wären. Nun sind aber im Gebiet der holländischen und englischen Tropenbesitzungen nirgends Hochländer in gleichem Ausmaß und gleich günstiger Naturausstattung vorhanden, wie im lateinischen Amerika, weshalb sie auch nie dieselbe Bedeutung erlangen können wie dort. Jedoch ist nicht zu verkennen, daß sie in Zukunft einmal auch als Siedlungsziele — namentlich in Afrika — eine ansehnliche Rolle werden spielen können.

Wo immer Holländer und Engländer in ihren eigenen Kolonien sitzen, da findet man *Ruhe und Ordnung* in erfreulichster Weise. In den englischen Kolonien ist auch seit lange Freiheit der Bewegung, der Betätigung und des Handels in hervorragendem Maß vorhanden gewesen, und das Gleiche gilt in der Gegenwart von den holländischen. Überall in holländischen und englischen Kolonien zeigen die Angehörigen des herrschenden Volkes einen stark ausgesprochenen *Rassestolz*, der sich in seinen Folgewirkungen darin bekundet, daß die Zahl der Mischlinge zwischen Weißen und Farbigen und damit auch deren wirtschaftliche und politische Bedeutung im Gegensatz zum lateinischen Amerika und portugiesischen Kolonien gering geblieben sind. Was aber die Eingeborenen betrifft, so ist deren Verhältnis zum herrschenden Kolonialvolk insofern je nach ihrem Kulturzustand verschieden, als sie da, wo die Kultur und politische Machtentwicklung der Eingeborenen zur Zeit der Kolonisation gering gewesen war, unmittelbar unter die europäische Herrschaft gestellt worden sind, wie in Holländisch Westindien und in den englischen Gebieten Afrikas und Australiens, während sie da, wo sie zur Zeit der europäischen Besitzergreifung in kulturlich wohlentwickelten Staaten gelebt hatten, großenteils nur mittelbar unter europäische Herrschaft gekommen sind, indem die Europäer sie durch Vermittlung ihrer angestammten Herrscher regieren, wie in weiten Gebieten Britisch- und Holländisch Ostindiens.

Verwaltung und Rechtsprechung sind in diesen Kolonien sehr gut, doch werden dem englischen Rechtsgang Umständlichkeit und Langsamkeit nachgesagt. Eine sehr begrüßenswerte Eigenheit des Rechtslebens dieser Kolonien (wie einst auch vielfach der deutschen) ist es, daß Eingeborene in vielen Gegenden nach ihrem eigenen althergebrachten Gewohnheitsrecht abgeurteilt werden, soweit dies mit unserer Rechtsauffassung nicht in unüberbrückbarem Gegensatz steht.

Handel, Verkehr und Produktion aller Art stehen in den germanischen Kolonien ganz auf der Höhe der Neuzeit, doch muß den holländisch-ostindischen Kolonien hinsichtlich der Entwicklung der Methoden tropischer Agrikultur und der Technik anschließender Aufbereitung im allgemeinen noch ein entschiedener Vorzug vor den englischen eingeräumt werden, wo vielfach ein stärkerer konservativer Zug in wirtschaftlichen Dingen sich geltend macht.

Im persönlichen Verkehr der Weißen untereinander herrscht in den germanischen Kolonien im allgemeinen in der Gesellschaft ein vornehmer Ton, der durch Selbstzucht und Würde ermöglicht wird; sowohl in englischen wie in holländischen Kolonien wird auf strenge Formen des Umgangs und der Redeweise sowie auf guten Anzug und sorgfältige Körperpflege in den besseren Kreisen weit mehr Wert gelegt als bei uns, was für den

Neueinwanderer wichtig ist zu wissen, da eine Anpassung in dieser Richtung unbedingt erforderlich ist.

Das Verhaltnis zu den Eingeborenen ist durch Betonung des Herrenstandpunktes seitens der Europaer gekennzeichnet, jedoch pflegt die Gemessenheit in Sprechweise und Sitte diesem Verhältnis die Schärfe zu nehmen.

Dadurch, daß der größere Teil der weißen Bevölkerung nur flottiert und die älteren abwandernden Elemente immer wieder durch jüngere neueinwandernde ersetzt werden, pflegen die behördlichen Einrichtungen wie auch die geschaftlichen Unternehmungen mit großer Energie geleitet zu werden, so daß diese Kolonien größtenteils im Zustand lebhafter Entwicklung sind.

Die Franzosen stehen in ihren kolonisatorischen Eigenschaften etwa in der Mitte zwischen den germanischen und den iberischen Völkern. Sie gehören, soweit ihre nördlichen und mittleren Wohngebiete in Betracht kommen, hinsichtlich ihrer Akklimatisationsbefähigung zu der Gruppe, die wir kurz als nordeuropaisch bezeichnet haben, während die Sudfranzosen noch zur sudeuropaischen Gruppe zu rechnen sind. Da letztere oft ziemlich stark vertreten sind, finden wir in franzosischen Kolonien oft einen im Verhältnis zur Gesamtzahl französischer Tropensiedler größeren Stamm dauernd ansässiger Weißen im Tiefland vor als innerhalb der englisch redenden Kulturwelt, wo nur in Australien, Sudafrika und im Suden der Vereinigten Staaten die Weißen in generationenlanger Ansiedlung sich allmahlig soweit an langer dauernde hohe Warmegrade gewöhnt haben, daß sie schließlich ebenfalls eine etwas erhöhte Eignung fur das tropische Klima erworben haben.

Kulturlich gehören die Franzosen durchaus zur romanischen Gruppe mit ihren Vorzügen und Nachteilen; ja sie werden von den Lateinamerikanern ohne Vorbehalt als das Haupt der Gruppe betrachtet: französisches Geistesleben wird im lateinischen Amerika als fuhrend und vorbildlich anerkannt und Paris gewissermaßen als Inbegriff des Schönen und Großen angesehen!

In den französischen Kolonien findet man dieselbe Vorliebe fur Form und Phrase, wie im lateinischen Amerika, wenn auch nicht mehr in so extremem Maße wie dort, aber auch denselben engherzigen Büreaukratismus und bei vielen Beamten dieselbe Neigung zu Schikanen wie im spanischen und portugiesischen Sprachgebiet. Verwaltung und Rechtspflege sind meist gut, minder stark von persönlichen Motiven beherrscht, als im iberischen Kulturgebiet, die Bevölkerung ruhiger. Die Lebenshaltung der Kolonialfranzosen ist behaglichem Genuß nicht abgeneigt, wennschon auch viele tüchtige Arbeit zu leisten gewillt sind und vermögen.

Ruhe und Ordnung herrscht in franzosischen Kolonien so gut wie in englischen und hollandischen, das Verkehrswesen, vor allem auch der Straßenbau, steht auf großer Höhe; aber das wirtschaftliche Leben ist minder entwickelt, ja stellenweise ist es geradezu rückständig und still. In früheren Zeiten, als die Sklaverei noch im Schwunge war, hatten die Franzosen zwar einzelne Kolonien (vor allem Haiti) zu sehr hoher Blüte zu bringen vermocht. Aber in neuerer Zeit zeigen die meisten französischen Kolonien ein minder günstiges wirtschaftliches Bild. Daran tragen verschiedene Umstände einen Teil der Schuld; einmal die Engherzigkeit der französischen Handelspolitik, die durch Differentialzölle den Handel mit den Kolonien vorzugsweise dem Mutterland vorzubehalten sucht, ferner die geringe Zahl und Betriebsamkeit der französischen Siedler in den meisten französischen Kolonien sowie die Erschwerung der Ansiedlung und Betätigung fremder Weißer, die Arbeitslust und Kapital ins Land bringen und so dessen Entwicklung fördern würden. Immerhin ist in manchen französischen Kolonien die Zahl nichtfranzösischer, (einst selbst deutscher) Geschäftshäuser nicht unbeträchtlich, während andere freilich derselben fast ganz entbehren.

Im Vergleich zu den raschen Fortschritten, welche die Entwicklung englischer und deutscher Kolonien im letzten Vierteljahrhundert machte, sind die meisten französischen Kolonien stark zurückgeblieben, wenngleich sie freilich gegenüber den gegenwärtigen unmittelbaren spanischen und portugiesischen Kolonien in Afrika und Australasien größtenteils noch gut abschneiden; denn in diesen ist die wirtschaftliche Entwicklung noch sehr im Rückstand, ja in den spanischen Kolonien Muni und Rio de Oro steckt sie noch in den allerersten Anfängen. —

Franzosen, Holländer, Engländer und neuerdings auch Deutsche haben den segensreichen, von Spaniern und Portugiesen begonnenen Austausch von Nutzpflanzen und Haustieren zwischen den Kontinenten und Einzelländern weiter fortgesetzt und dadurch manchen Ländergebieten außerordentlich wichtige neue Entwicklungsmöglichkeiten geboten. So haben die Franzosen am Anfang des 18. Jahrhunderts den amerikanischen Tropen durch Einführung des Kaffeestrauchs ihre wichtigste Exportpflanze gebracht und damit dem Wirtschaftsleben ganzer Länder für spätere Zeit einen festen Halt gegeben; die Holländer ließen durch den Deutschen Haßkarl den Chininbaum aus den feuchten kühlen Gebirgswäldern der Anden um die Mitte des 19. Jahrhunderts nach ihrem ostindischen Gebiet überführen und begründeten damit eine Kultur, die der leidenden Menschheit einen außerordentlich hohen Dienst erwies; die Engländer aber führten u. a. auf der Halbinsel Malakka den Anbau amerikanischer Kautschukbäume im größten Maßstab ein und gestalteten dadurch die Weltversorgung mit Kautschuk vollständig um; wir Deutsche hatten durch Einführung von Kakaobau in Kamerun, von Sisalagavenbau in Ostafrika u. a. unserer Versorgung mit gewissen Rohmaterialien vorgearbeitet, während wir durch Einführung des Wasserbüffels und anderer Haustiere in Melanesien, des Kamels und des Karakalschafes in Deutschsüdwestafrika diesem Gebiet neue Möglichkeiten eröffneten. Es kann hier nicht die ganze Reihe wichtiger Übertragungen von Nutzpflanzen und Haustieren durch die Kolonialvölker besprochen werden, doch sei hervorgehoben, daß der mögliche Austausch heutzutage noch lange nicht vollendet ist und daß die Zukunft in dieser Hinsicht noch vielversprechende Aussichten eröffnet.

Erwähnt mag freilich noch werden, daß die Kolonialvölker auf der anderen Seite unbeabsichtigt auch viele schädliche Tiere, (Parasiten, Ungeziefer, Ratten, Mäuse, Kaninchen usw.) und Pflanzen (Unkräuter) weiter verbreitet haben und dadurch die Daseinsbedingungen in den Kolonialländern in mancher Hinsicht wieder unangenehmer und ungünstiger gestaltet haben. —

Durch den Austausch der Kulturpflanzen und Haustiere, sowie durch politische Einflüsse und neuentstandene Handelsbeziehungen sind die Verhältnisse der Tropenländer seit Beginn der Neuzeit gründlich verändert worden. Wir wollen ganz absehen von dem starken Rückgang der Eingeborenenbevölkerung, der durch Kriege, falsche Behandlung, eingeschleppte Krankheiten und andere Ursachen erfolgte und in Folge der Verminderung der Arbeitskräfte die wirtschaftlichen Möglichkeiten stark herabsetzte, und wollen nur die wirtschaftlichen und kulturlichen Änderungen kurz in Betracht ziehen.

Je nach dem früheren Kulturzustand und dem psychischen Beharrungsvermögen der Eingeborenenbevölkerung einerseits und den klimatischen Verhältnissen andererseits haben die Eingeborenen teils viel, teils wenig Kulturgüter von den Europäern übernommen; aber auch die Weißen haben bald herausgefunden, daß gar manche Kulturgüter und Methoden der Eingeborenen ihnen am neuen Wohnort besser zusagten als ihre aus der Heimat mitgebrachten. So erfolgte also nicht nur ein Geben, sondern auch ein Nehmen seitens der Weißen und obschon die Europäer von den kulturarmen Eingeborenen Afrikas nur wenig übernehmen konnten und wollten, so haben doch die Spanier im tropischen Amerika so viel übernommen, daß auf dem Lande in Landwirtschaft und Haushalt vielfach die indianischen Elemente auf den Gütern der Weißen und Mischlinge überwiegen, indes in den Städten allerdings die spanischen Kulturelemente durchaus vorherrschen. Andererseits haben aber die Hochlandsindianer Mittel- und Südamerikas doch so viele europäische Dinge (Ackergeräte, Getreide- und Obstarten, Haustiere, besonders Schafe) übernommen, daß man sich in manchen Gegenden geradezu nach Europa zurückversetzt denken könnte, wenn nicht die indianische Bevölkerung und manche ihrer Nutzgewächse (Mais,

Bohnen, Quinoa u. dergl.) und Haustiere (Llama) unseren Geist alsbald wieder nach Amerika zurückrufen würden.

Tatsächlich stellen die amerikanischen **Hochländer** (Tierra fria) in mancher Hinsicht geradezu Inseln oder Halbinseln europäischer Wirtschaft vor; sie erzeugen (neben Kartoffeln) Weizen, Gerste, Hafer, Klee, Gemüse aller Art, Äpfel, Birnen, Pfirsiche und vermöchten daher bei genügender Entwicklung der Verkehrswege die benachbarten tropischen Tieflandgebiete so mit ihren Erzeugnissen zu versorgen, daß größere Teile davon unabhängig von europäischer Zufuhr würden. Frachtnot während des Krieges hat auch tatsächlich in vielen Ländern zu beträchtlicher Ausdehnung des Weizenbaus geführt, und es hat sich dabei herausgestellt, daß ihr Anbau in den feuchten Tropen in weit tiefere Lagen herab (c. 1200 m) möglich ist, als man früher angenommen hatte.

Der Europäer und seine Haustiere finden die klimatischen Verhältnisse dieser Hochländer so heimatähnlich, daß sie sich mit Leichtigkeit dauernd einbürgern und gesunde, kräftige Nachkommenschaft erzeugen können. Die Tatkraft bleibt ungeschwächt und Arbeit ist dem Europäer ebensogut im Freien möglich wie in Bergwerken, Fabriken oder kaufmännischen Betrieben. Abgesehen von der geringen jährlichen Wärmeschwankung, den häufigen Nebeln, der stets gleichmäßigen Tagesdauer und den Einflüssen der verdünnten Luft sind Lebensweise und Wirtschaft in gleicher Weise durchführbar wie in der europäischen Heimat.

Die Zahl der in den tropischen Hochländern (oberhalb etwa 1800 m) ansässig gewordenen Nordeuropäer ist noch sehr gering. Sie könnte ganz wesentlich gesteigert werden; denn es ist für viele noch Raum im spanischen Amerika, wo allein die Hochländer schon wirtschaftlich einigermaßen entwickelt sind, ebenso wie in Afrika und Australasien, wo die wirtschaftliche Entwicklung der Hochländer noch kaum begonnen hat.

In der **mäßig warmen Höhenregion** (Tierra templàda etwa zwischen 600—1800 m Höhe ü. M. in den inneren Tropen) ist für den Nordeuropäer, wie schon früher erwähnt, zwar angestrengte körperliche Arbeit im Freien im allgemeinen nicht mehr möglich, wohl aber geistige Arbeit, ohne daß die Gesundheit leiden würde. Generationen überdauernde Ansiedlungen können an günstigen Stellen und bei vernünftiger Lebensweise recht wohl geschaffen werden. Die geschäftlichen Möglichkeiten sind weit reicher, als im Hochland, wo die Konkurrenz mit der gemäßigten Zone für die erzeugten Feldfrüchte keine sehr hohen Preise zuläßt. Aus diesem Grund ist auch die Besiedlung der mäßig warmen Tropenregionen durch nordeuropäische Kapitalisten und Angestellte größerer Unternehmungen großenteils weiter vorgeschritten, als im kalten Land, vor allem wieder im lateinischen Amerika und im britischen und holländischen Indien, wo Naturausstattung und Volksdichte in diesem Höhengürtel besonders günstig sind und daher auch eine außerordentlich reiche Produktion stattfindet, vor allem in Kaffee, Tee und Chinarinde, während in den afrikanischen und pazifischen Tropen die Verwertung dieser Höhenregionen noch in den ersten Anfängen steckt.

Die Zahl der in dem mäßigwarmen Höhengürtel der Tropen angesiedelten Nordeuropäer ist noch nicht groß, ihre wirtschaftliche Leistungskraft aber sehr bedeutend. Es ist auch hier noch für viele Raum. Die Zahl der Südeuropäer ist — einschließlich der Mischlinge zwischen Südeuropäern und Eingeborenen — sehr beträchtlich; ja neuerdings sind — im tropischen Südbrasilien — viele Italiener als Arbeiter auf Kaffeeplantagen in Verwendung getreten. (Nordeuropäern müßte freilich von einer solchen Beschäftigung entschieden abgeraten werden).

Im tropischen Tiefland (Tierra caliente der Spanisch-Amerikaner) ist (abgesehen etwa von wüstenhaften Gebieten oder windüberstrichenen kleineren Inseln) im allgemeinen kein Raum mehr für dauernde Ansiedlung von Nordeuropäern; und auch für zeitweilige Ansiedlung von Nordeuropäern eignen sie sich nur, soweit diese Beschäftigungen ausüben, die sie vorwiegend in leitende Stellungen bringen oder aber die ihnen für gewöhnlich einen Aufenthalt in gedeckten Räumen gestattet.

Obgleich die Zahl der reinblütigen Weißen in den heißen Gebieten der Tropen verhältnismäßig sehr gering ist, ist ihre wirtschaftliche Rolle doch außerordentlich groß: sie sind das Ferment, das dort die wirtschaftliche Entwicklung in erster Linie ins Leben gerufen und gefördert hat, sie sind die Träger der Intelligenz und des Kapitals, die Anreger jeglichen Fortschritts in Produktion, Handel und Verkehr, und wenn sich auch späterhin in einzelnen Ländern Einheimische, Araber, Inder, Perser, Chinesen, Japaner nacheifernd ebenfalls ansehnliche Stellungen zu schaffen verstanden haben, so muß doch das Verdienst der Initiative durchaus den Weißen, vor allem den Nordeuropäern, zugerechnet werden, die zudem in den afrikanischen und asiatisch-australischen Tropen vielfach zugleich die politische Herrschaft ausüben.

So bedeutsam aber auch die Stellung der Weißen in den heißen Tropenregionen ist, so können diese Gebiete doch nur Persönlichkeiten der Intelligenz und des Kapitals und zugleich Personen erprobter Gesundheit, mäßiger Lebensführung, starker Tatkraft und hochstehenden festen Charakters als Auswanderungsziel empfohlen werden. Allerdings können auch Handwerker, Maschinisten, Feinmechaniker und dergl., die neben großer Liebe zur Natur und regem Interesse für fremdes Volkstum die Kraft zur Selbstbescheidung und klaren Blick für ihre eigene Stellung zu bewahren vermögen, in diesen Gegenden noch ihr Fortkommen finden. Leute von geringem moralischen Halt und ungenügender

Selbsterkenntnis laufen dagegen in den Tropen allzusehr Gefahr, entweder bald den Gefahren des Klimas zu erliegen oder vom „Tropenkoller" mit seiner falschen Selbsteinschätzung, seinem Größenwahn und seinen Gewalttätigkeiten befallen zu werden, wodurch die Betreffenden selbst und ihre Umgebung in unleidlicher Weise belästigt werden können.

4. Winke für Vorbereitung und Ausrüstung.

Wer die Absicht hat, in die warmen Länder auszuwandern, der prüfe vor allem sich selbst, ob er die nötige körperliche und geistige Widerstandskraft besitzt, um in diesen Gebieten langandauernden Aufenthalt nehmen und alle damit verbundenen, sehr vielfältigen und oft auch recht peinlichen Unannehmlichkeiten auf sich nehmen zu können.

Was die körperliche Widerstandskraft betrifft, so ist der Einzelne natürlich nicht im Stande, sich selbst richtig zu beurteilen. Namentlich glaube man ja nicht, daß kräftige, vollblütige Persönlichkeiten nun auch in allen Fällen für die Tropen besonders geeignet sein müßten. Die Erfahrung zeigt vielmehr, daß solche Leute gar nicht selten gegen Malaria und andere Tropenkrankheiten eine größere Empfänglichkeit zeigen, als magere, aber zähe Menschen, namentlich soweit diese vorsichtig leben und sich nicht unnötig gesundheitlichen Gefahren aussetzen. Zur Feststellung der körperlichen Tropentüchtigkeit ist eine ärztliche Untersuchung unbedingt notwendig. (Vergl. darüber den „gesundheitlichen Ratgeber" S. 7f.). Freilich läßt sich die größere oder geringere Empfänglichkeit für Sumpffieber durch eine Untersuchung noch nicht einwandfrei feststellen; das kann nur die Erfahrung völlig klarstellen. Ob aber das Herz den Anstrengungen des heißen Tieflandes, oder der dünnen Luft des Hochlandes gewachsen sein dürfte, ob Nieren und Verdauungsorgane, Lunge und Nerven normal arbeiten, und dergl. mehr, läßt sich dagegen recht wohl schon in der Heimat erkennen.

Wer sich den Tropen zuzuwenden gedenkt, prüfe sich selbst aber auch auf geistige Tropentüchtigkeit: je heißer, je tiefer gelegen der künftige tropische Wohnort ist, je größer die Malariagefahr ist, desto notwendiger ist der Besitz einer starken Energie, ruhiger Nerven und klaren Verstandes. Die langanhaltende Hitze droht Leuten mit geringer Willensstärke baldiges Erlahmen ihrer Tatkraft zu bringen, häufige Sumpffiebererkrankungen und vielfacher Ärger regen bei manchen Leuten allmählich die Nerven so auf, daß sie ruhiger Überlegung nicht mehr fähig sind, von Größenwahn befallen werden und ihre Umgebung, besonders aber die farbigen Eingeborenen, oft ohne triftige Gründe schlecht behandeln (Tropenkoller). Nervöse Leute, die sich nicht selbst fest in der Gewalt haben, sollten die Tropen meiden, nicht minder aber auch Leute mit ungenügendem moralischem Halt, da diese in der freieren Luft der Tropen erst recht leicht vom geraden Pfade abweichen und damit nicht nur ihren eigenen guten Namen einbüßen, sondern auch durch ihr Tun das Ansehen der Weißen überhaupt in den Augen der Eingeborenen schwer schädigen würden. Wer starke Vorliebe für Spiel oder alkoholische Genüsse hat, tut gleichfalls gut, den Tropen fern zu bleiben denn die Versuchungen sind dort im allgemeinen noch stärker als bei uns, der Schaden größer, schwerer gut zu machen: die Zahl der Opfer des Alkohols unter den Weißen ist in den heißen Ländern geradezu erschreckend groß.

Wichtig ist auch für den Tropeneinwanderer, daß er sich klar sei über seine wirtschaftlichen Absichten und Aussichten, daß er kühl rechne und sich immer vor Augen halte, daß die zur Verfügung stehende Zeit ergiebiger Arbeit für den Weißen in den Tropen wesentlich kürzer zu sein pflegt, als in unserer gemäßigten Zone, daß also in den Tropen schon frühzeitig mit dem Zurücklegen eines Sparpfennigs für das spätere Alter zu beginnen ist. Am allernotwendigsten ist diese Vorsorge für den Bewohner des tropischen Tieflandes, weil hier an eine nicht allzuspäte Rückkehr nach der Heimat, also verhältnismäßig frühes Aufgeben des Geschäfts, gedacht werden muß.

Wenn man sich darüber klar geworden ist, daß man nicht nur den Willen hat, in die warmen Länder auszuwandern, sondern daß man sich auch die körperlichen und geistigen Fähigkeiten zutrauen darf, die für einen Aufenthalt daselbst notwendig sind, muß vor allem die Frage entschieden werden, in welches Land man sich wenden will. Wer schon Bekannte oder Verwandte in warmen Ländern hat und von diesen nähere Auskunft über die gegenwärtigen Zustände erhalten kann, auch wohl im Fall der Einreise von ihnen allerlei Hilfe und Unterstützung erwarten darf, für den wird der Entschluß verhältnismäßig leicht werden. Wer aber keinerlei festen Anhaltspunkt vor sich hat, der wird auch nach eingehendem Studium der in diesem Heft gegebenen Ausführungen und der einzelnen über Tropengebiete herausgegebenen „Wegweiser" wohl nur schwer zu einem festen Entschluß sich durchringen. Einen bestimmten Rat zu geben, geht aber nicht an, da einmal die besonderen persönlichen Umstände und Liebhabereien allzu verschieden sind und andererseits zur Zeit noch kein klares Bild zu gewinnen ist, wohin sich die Auswanderung überhaupt richten kann. Die Feindseligkeit und Verhetzung gegen uns ist ja in vielen Ländern so groß, daß der Versuch einer Auswanderung dahin vorläufig aussichtslos wäre. Man darf z. B.

wohl annehmen, daß es für einige Zeit ausgeschlossen sein dürfte, in die tropischen Kolonien unserer europäischen Feinde auszuwandern, vor allem in die der Engländer, Franzosen und Belgier, aber auch der Portugiesen. Eine Einwanderung dorthin würden z. Zt. noch vermutlich nicht nur die betreffenden Regierungen, sondern auch die Volksstimmung verbieten. Wohl mag es ehemaligen angesehenen Siedlern dieser Gebiete bald wieder gelingen, an ihr früheres Wirkungsfeld zurückzukehren und allmählich wieder festen Fuß zu fassen, aber für Neueinwanderer sind die Aussichten vorläufig gering. Damit verschließt sich ihnen aber von vornherein der größte Teil der Tropen, vor allem in der alten Welt, wo nur Holländisch-Ostindien und auf afrikanischem Boden die ganz unentwickelten und auch schwer entwickelbaren spanischen Kolonien Rio de Oro und Muni nebst den spanischen Guineainseln unmittelbar als Auswanderungsziel in Betracht kommen könnten, weil sie neutralen Ländern angehören.

Ob in den tropischen Kolonien der Vereinigten Staaten, die kulturlich wie vergröberte englische Kolonien erscheinen, deutschen Einwanderern schon jetzt Zulaß gewährt werden würde, ist sehr unwahrscheinlich angesichts der während des Kriegs in den Vereinigten Staaten betriebenen Deutschenhetze. Weit besser stehen die Aussichten für den deutschen Tropenauswanderer — neben den holländischen Kolonien in Westindien und Südamerika —in den Ländern des lateinischen Amerika. Aber auch von diesen ist die Mehrzahl während des Kriegs auf die Seite unserer Feinde getreten, und noch ist von diesen Ländern nicht sicher, wie sie sich der deutschen Einwanderung gegenüber verhalten werden. Immerhin bestehen hier wenigstens keine tiefergehenden sachlichen Gegensätze, so daß man bestimmt erwarten kann, daß diese Länder in Bälde sich unseren Einwanderern öffnen werden, selbst wenn sie im gegenwärtigen Augenblick sich noch ablehnend verhalten sollten.

Zum Glück ist im lateinischen Amerika auch eine ganze Reihe von Staaten neutral geblieben; diese dürften daher auch der deutschen Einwanderung freundlich gegenüber stehen, so Mexico, Salvador, Columbien, Bolivia, Paraguay, Chile und Argentinien. Aber auch in diesen Ländern wird der Einwanderer seitens des Volkes — das doch schon vor dem Kriege starke französische Sympathieen besessen hatte — manche feindselige oder wenigstens unfreundliche Strömung zu verspüren haben, und allzu breiter Siedelungsraum ist in diesen Ländern (bezw. den tropischen Teilen der beiden letztgenannten) auch nicht vorhanden. Möglicher Weise werden auch die Regierungen der neutral gebliebenen Länder den Einwanderern gegenüber sich zurückhalten, da sie vielleicht das Eindringen bolschewistischer und kommunistischer Ideen in ihr Gebiet befürchten. Anfragen bei den Konsulaten der betreffenden Länder in unserer Heimat, oder beim Reichswanderungsamt in

Berlin, bezw. dessen Zweigstellen in den verschiedenen Großstädten werden Klarheit über die zu erwartenden Verhältnisse geben. Auskünften von Auswanderungsagenten gegenüber sei man aber vorsichtig!

Wenn einmal die Wahl des künftigen Wohnorts feststeht, so tritt an den Auswanderungslustigen die wichtige Frage heran, wie groß die Kosten der Übersiedelung sein werden? Bei dem Tiefstand unserer Geldwährung im Ausland ist das Problem der nötigen Geldbeschaffung äußerst schwierig, und die starken Schwankungen, denen unsere Valuta unterliegt, lassen es nicht zu, irgendwelche bestimmte Zahl für die zu erwartenden Übersiedelungskosten anzugeben. Immerhin muß selbst bei der Auswanderung in die näher gelegenen amerikanischen Tropenländer mit recht erheblichen Beträgen gerechnet werden, ja sogar so erheblichen, daß sie Mittellosen unerschwinglich sind.

Der Tiefstand unserer Valuta ist aber auch für den Bemittelten ein großes Unglück; denn wenn er vielleicht auch leicht die Übersiedelungskosten aufbringt, so schmilzt doch sein Kapital bei der Umwechslung in die Währung des künftigen Adoptivvaterlandes so sehr zusammen, daß damit nur ein Bruchteil von dem erreicht werden kann, was vor dem Kriege damit möglich gewesen wäre. Damit wird die wirtschaftliche Grundlage auch des Kapitalisten auf dem neuen Boden verhältnismäßig schmal, die Möglichkeit zum Aufstieg wesentlich erschwert. Auf alle Fälle muß jeder Auswandernde nach der Ankunft im Bestimmungsland noch größere Barmittel zur Verfügung haben.

Wer entschlossen ist, in die Tropen auszuwandern, der weiß, daß er in den meisten Fällen in spanisches, portugiesisches oder holländisches, möglicherweise auch in englisches oder französisches Sprachgebiet einwandern wird. Selbst für den Fall, daß von vornherein ein enger Anschluß an deutsche Landsleute in dem betreffenden Gebiete sicher gestellt ist, ist es unbedingt notwendig, sich schon vor der Ausreise mit der betreffenden Verkehrssprache vertraut zu machen — am besten durch persönlichen Sprachunterricht seitens eines tüchtigen Kenners der betreffenden Umgangssprache. Im Notfall kann man sich auch aus gedruckten Grammatiken und Sprachführern eine gewisse Kenntnis der betreffenden Sprache aneignen. In größeren Städten werden billige Sprachkurse in den wichtigsten Kolonialsprachen abgehalten; der Besuch derselben muß aufs Dringlichste empfohlen werden.

Bei dieser Gelegenheit sei auch auf das ibero-amerikanische Institut in Hamburg (Rotenbaumchaussee 36) hingewiesen. Dasselbe hat sich als Arbeitsziel gesetzt: die Erforschung der Kulturgemeinschaft, in welcher die Pyrenaeenhalbinsel und die latein-amerikanischen Länder durch Sprache, Sitte und Weltanschauung verbunden sind, und die Pflege der

Beziehungen der dortigen Wissenschaft und Kultur zu der unsrigen. Diese Tätigkeit vollzieht sich unter dem Zusammenwirken von Auslandsfachgelehrten verschiedener Forschungsstätten Deutschlands und von Kennern der Übersee- und Auslandspraxis. Die so erzielten Arbeitsergebnisse bieten die Grundlage zu der beratenden Tätigkeit des Instituts, die Interessenten in weitem Maße zur Verfügung steht. (Ähnliche Ziele verfolgt das Deutsch-Südamerikanische Institut in Cöln, Claudius-Str. 1.)

In den meisten Hafenplätzen der Erde wird Englisch von vielen gesprochen; Französisch ist außer den französischen Kolonien auch im nahen Orient sehr verbreitet.

Zu beachten ist übrigens, daß in manchen Teilen Spanisch-Amerikas die Spanier selbst wenig beliebt sind (Mexico), weshalb in solchen Gegenden die castellanische Aussprache weniger angebracht ist, als die andalusische oder die im spanischen Amerika gebräuchliche.

Für manche Länder genügt aber die offizielle Landessprache noch nicht, da daneben für den Verkehr mit älteren Siedelungselementen (Holländisch in Südafrika für die Buren, Französisch in manchen jetzt englischen, ehemals französischen Kolonien, wie Mauritius, Dominica, St. Lucia, Englisch auf den holländischen kleinen Antillen) oder mit Eingeborenen noch andere Sprachen üblich sind. Vielfach haben sich auch allgemeine Verkehrssprachen für den Verkehr mit verschiedensprachigen Eingeborenen herausgebildet, wie Malayisch im holländisch-ostindischen Archipel, Kisuaheli an der ostafrikanischen Küste, Hindostani in Britisch Indien, Pidjin-Englisch — in freilich jeweils recht verschiedener Ausbildung — in manchen westafrikanischen, südostasiatischen und pacifischen Gebieten. Diese Verkehrssprachen erst später an Ort und Stelle zu lernen empfiehlt sich für diejenigen, die die offizielle Landessprache der betreffenden Gebiete nicht schon vorher kennen, da das gleichzeitige Erlernen zweier Sprachen doch für die meisten eine allzu schwere Aufgabe wäre. Höchstens die Erlernung des Malayischen kann wegen seiner außerordentlichen Einfachheit schon vorher empfohlen werden. (A. Seidel, Praktische Grammatik der malayischen Sprache. Wien o.J.)

Dagegen wird man nur in wenigen Ländern sich genötigt sehen, besondere Eingeborenensprachen zu erlernen; wo es aber notwendig wird, da geschieht es immer am besten an Ort und Stelle.

Besondere Fertigkeiten sich anzueignen, ist für den Tropeneinwanderer im allgemeinen nicht nötig. Wer noch nicht reiten kann, wird es aber in den meisten Fällen angenehm empfinden, wenn er schon in der Heimat die Anfangsgründe des Reitens, vor allem aber des Sattelns, gelernt hat. Freilich ist manches in den Tropenländern wieder anders, aber eine gewisse Vorkenntnis erleichtert die Eingewöhnung in die landesüblichen Sitten. Allen Tropeneinwanderern ist zu empfehlen, sich vor der Abreise ein klein wenig mit heimischer Kochkunst zu beschäftigen; denn die Möglichkeit, drüben sich einige heimatliche Gerichte, und wären es nur Pfannkuchen, Spätzle und andere Mehlspeisen, selbst herzustellen, Brot nach heimischer Geschmacksart zu backen, die Braten in heimatlicher Weise zuzubereiten oder die einheimische Köchin dazu anzuleiten, kann sehr viel dazu beitragen, das Leben im fremden Lande behaglicher zu gestalten. In höheren Lagen kommt auch bereits die Bereitung von Sauerkraut, das Räuchern von Schinken und Würsten in Betracht, und ich habe da und dort selbst Siedler getroffen, die sich ihr eigenes Bier selbst zu brauen pflegten; war es auch kein erstklassiges Präparat, so erfüllte es doch den Zweck gut, ein gesundes und billiges Erfrischungsgetränk zu sein. Man versäume auch nicht, die wichtigsten gesundheitlichen Regeln der Kochkunst sich einzuprägen, um die einheimische Köchin überwachen zu können. (Vergl. den „gesundheitlichen Ratgeber" S. 33 Bandwürmer und Trichinen u. S. 45 ff.)

Daß jeder für die besondere Berufsart, die er in den Tropen auszuüben vor hat, gründlich ausgebildet sein muß, versteht sich von selbst.

Abseits der eigenen Berufsgeschäfte sind aber für den Tropeneinwanderer recht vielseitige Kenntnisse aller Art sehr erwünscht und zwar um so dringender, je einsamer und abgelegener die künftige Wirkungsstätte ist. Wer z. B. auf einer entlegenen Pflanzung als Verwalter tätig ist oder gar den Betrieb anzulegen hat, für den ist es nur nützlich, wenn er mit recht vielen Dingen mehr oder weniger vertraut ist. Da mangelt es natürlich an einem Architekten wie an Maurern, und über alles, was über die landesübliche Bauweise der Eingeborenen hinausgeht, soll der Verwalter Rat wissen. Er soll etwas vom Fachwerkbau, von Mörtelbereitung, vom Ziegelbrennen verstehen, muß nötigenfalls Kalk- und Ziegelöfen selbst konstruieren und die Bedienung überwachen, er muß in der Nachbarschaft das geeignete Material suchen, wenn es an Ort und Stelle fehlt, muß wissen, daß man bei Fehlen von Quarzsand durch eingemischten Häcksel von Stroh oder anderen pflanzlichen Stoffen den zu brennenden Ziegelsteinen das nötige Maß von Zusammenhalt verleihen kann usw. Er soll außerdem ein wenig Kaufmannschaft verstehen, nicht nur um die Rechnungen richtig führen, sondern auch um ev. Verkäufe ins Ausland und Einkäufe von dorther richtig kalkulieren und nutzbringend ausführen zu können. Er soll zudem, wie überhaupt jeder in ländliche Siedelungen der Tropen Einwandernde, ein wenig von Gartenbau verstehen. Wenngleich in tieferen Lagen freilich nur wenige unserer europäischen Gemüse, Obstarten und Blumen gezogen werden können, so ist dagegen im mäßig warmen Land ihre Zahl schon recht ansehnlich, und im kalten Land kann fast alles gebaut werden, was in unseren Gärten und Feldern steht. Heimatliche Gemüse, Obstarten und Blumen machen aber das

Leben des Siedlers sehr viel angenehmer, als wenn er nur mit den landesüblichen Gewächsen und Früchten sich behelfen muß. Wer Wollwäsche mit sich nimmt, lerne auch zu Hause, wie man sie beim Waschen zu behandeln hat, um am neuen Wohnort die richtige Behandlung lehren zu können. Unter der kalten Behandlung einheimischer Wäscherinnen geht Wollwäsche oft ein und verfilzt zugleich sehr stark!

Sehr wichtig ist für den künftigen Tropensiedler die Frage der Ausrüstung. Bei der Knappheit, die zur Zeit noch in unserer Heimat an Kleiderstoffen, Lederwaren, Segeltuch und den verschiedenartigsten Gebrauchsgegenständen herrscht, bei den außergewöhnlich hohen Preisen, die gegenwärtig für das noch Vorhandene zu bezahlen sind, und bei der großenteils sehr geringwertigen Beschaffenheit der Gegenstände kann es eine Frage sein, ob es überhaupt empfehlenswert ist, irgend etwas in der Heimat zu kaufen. Ich würde diese Frage unbedingt verneinen, wenn nicht unser Geld im Ausland so sehr entwertet wäre, daß alles, was man draußen kauft, für uns geradezu ungeheuer teuer werden muß.

So wie die Dinge jetzt liegen, ist ein Ankauf von Gebrauchsgegenständen in der Heimat nur anzuraten, soweit sie noch in Friedensqualität vorhanden und zu erschwinglichen Preisen erhältlich sind. Was aus Ersatzstoffen hergestellt ist, muß unbedingt ausscheiden, denn die meisten Gebrauchssachen werden in den Tropen einer viel rascheren Abnutzung ausgesetzt als bei uns, weshalb minderwertige Dinge in kürzester Zeit ihren Dienst versagen. Außerdem bekommt man in den meisten, aber freilich nicht allen Tropenländern gerade das gut zu kaufen, was sich als brauchbar für die besonderen Landesverhältnisse erweist. Freilich pflegen die Preise ungemein hoch zu sein, weshalb der künftige Einwanderer für den Ankauf der Ausrüstung im künftigen Wohnland einen sehr hohen Betrag einsetzen müßte.

Auf alle Fälle empfiehlt es sich in der gegenwärtigen schwierigen Lage, alles an Gebrauchsgegenständen mit sich zu nehmen, was man schon vorher in eignem Besitz hatte; jedoch muß es guter Beschaffenheit sein, um drüben von Nutzen sein zu können.

Wer in ein tropisches Hochland reist, kann hinsichtlich seiner Bekleidung und Beschuhung alles gebrauchen, was er in der Heimat benutzt hat. Etwas Besonderes ist für ihn nicht nötig; er kommt ohne Tropenhelm aus: Filz- und Strohhüte sind im Hochland überall üblich, und in vielen Ländern Amerikas erhält man Strohhüte billiger und zweckentsprechender, als bei uns.

Für das Hochland empfehlen sich wollene Tuch- oder Tricotkleider, ja sogar wollene Unterwäsche, da bei der immerhin starken nächtlichen Abkühlung, der Häufigkeit von Nebeln und den starken Wärmegegensätzen zwischen Sonnen- und Schattentemperaturen ein ebenso kräftiger Wärmeschutz angebracht ist wie bei uns. Ja man wird mit Vorteil selbst wollene Winterkleider von Deutschland aus mitnehmen; notwendig ist das natürlich für Hochgebirge, wo die Berge Eis und Schnee tragen und kalte Fallwinde vielfach die benachbarten Gegenden heimsuchen. In regenreichen Gegenden nicht nur des Hochlands, sondern auch des mäßig warmen Landes ist Wollkleidung und wollenes Unterzeug solchen notwendig, die Neigung zu rheumatischen Erkrankungen haben.

Im Tiefland pflegt die städtische Europäerbevölkerung der nordeuropäischen Kolonien weiße Köperanzüge zu bevorzugen. Dieselben sind in der Tat verhältnismäßig kühl und angenehm, aber da man jeden Tag wechseln muß, so braucht man einen großen Vorrat, um immer wieder frisch gewaschene Anzüge zur Verfügung zu haben. Auf dem Land und in Waldgegenden herrscht der sehr dauerhafte gelbe Khakianzug vor. In den Kolonialländern der südeuropäischen Völker, d. i. im lateinischen Amerika, herrscht der weiße Tropenanzug höchstens im Bereich gewisser Hafenstädte mit zahlreicher englischer oder amerikanischer Fremdenbevölkerung; sonst aber sind leichte Sommerkleider (bei den Eingeborenen und Mischlingen freilich sehr vielfach aus weißen Baumwollstoffen) üblich, und der Europäer kann daher dort leicht seine heimischen Sommerkleider auftragen. Wichtig ist vor allem, daß die Kleidung lose sei und nicht eng an den Körper anschließe. Die Unterwäsche sei hier natürlich leicht, am besten baumwollen, durchbrochen (auch Netzhemden); wer aber auf Reisen häufiger Wechsel von Hoch- und Tiefland durchzumachen hat, wird selbst im Tiefland mit Vorteil wollenes Unterzeug (Jägersche Wäsche leichter Art) tragen, obgleich sie bei großer Hitze recht lästig ist. Man trage aber im Freien niemals allzu leichte Kleidung und entblöße den Körper nicht zu sehr; denn die chemische Wirkung der Sonnenstrahlen ist unter den Tropen sehr stark; die Haut des Europäers wird, abgesehen von abgehärteten Stellen wie Gesicht, Nacken, Hände, leicht schmerzhaft verbrannt, wenn sie nicht durch Einfettung oder durch genügende Verhüllung geschützt ist. Namentlich mögen Damen, die, etwa zu Pferde, größere Strecken über Land im Tiefland reisen, sich vorher darüber Rechenschaft geben, daß die Sonnenstrahlen die Haut durch den dünnen Seidenstoff einer europäischen Bluse hindurch gründlich zu verbrennen vermögen, daß also zu weiterem Schutz ein Unterleibchen unbedingt erforderlich ist, sofern schmerzhafte Verbrennungen vermieden werden sollen. Uns erscheint ja auch die Kleidung der Saharabewohner auf den ersten Blick unzweckmäßig dick und schwer, und doch ist sie bei der intensiven Wirkung der Sonnenstrahlen sowohl, wie bei der starken Abkühlung des Bodens und der Luft, wie sie in tropischen und subtropischen Wüsten aufzutreten pflegt, durchaus angebracht! Wichtig ist auch die Mitnahme einer Leibbinde. (Vgl. gesundheitl. Ratgeber S. 19).

Als Kopfbedeckung trägt der Europäer meist den Tropenhelm oder Strohhüte, im lateinischen Amerika aber alle Hutarten des europäischen Kontinents. Stellenweise sind die einheimischen Hüte als sehr praktisch zu empfehlen, so in Mexico, wo die außerordentlich hohen und zugleich breitrandigen Hüte sowohl den Kopf kühl halten als auch Augen und Nacken gut schützen. Auch die doppelten Strohhüte, die neben Filzhüten in Holländisch-Indien viel getragen werden, sind sehr praktisch. Tropenhelme guter Konstruktion erfüllen diese beiden Aufgaben sehr vollkommen, aber nicht alle Modelle kommen diesen Forderungen nach, wie z. B. das deutsche Tropenhelmmodell wohl hoch genug war, um den Kopf kühl zu halten, aber zu kurze, zu knapp anliegende Ränder aufwies, um der zweiten Aufgabe genügen zu können. Die Tropenhelme sollen eigentlich aus Kork gebaut sein; aber seitdem Kork sehr teuer geworden ist, sind sie meist aus Pappe oder Papier hergestellt, erweichen also allmählich in langandauerndem Regen, so daß man sie unter Umständen von Zeit zu Zeit wieder über dem Feuer trocknen muß. Günstig ist eine möglichst dicke Papierfüllung insofern, als man bei Urwaldwanderungen zu Fuß oder zu Pferde auf schmalen, ungenügend ausgehauenen Pfaden häufig den Kopf an Äste oder Stämme anstößt und dann von langdauerndem Kopfweh geplagt wird, wenn nicht der Tropenhelm die Wucht des Stoßes genügend gemildert hat. Wo dieser Übelstand nicht zu befürchten ist, kann man allerdings im schattigen Urwald den Tropenhelm leicht entbehren.

Dem Neuling kann nicht eindringlich genug eingeprägt werden, daß ein gutschützender Hut zum Schutz gegen Sonnenstrahlen in den Tropen viel wichtiger ist als bei uns, da er den Träger vor dem Sonnenstich bewahrt, der in den Tropen so leicht auftritt. Freilich sind aus noch nicht aufgeklärten Ursachen gewisse Gegenden, wie Ostindien, in dieser Hinsicht weit gefährlicher als andere (Westindien).

Bei anstrengenden Ritten oder Fußwanderungen in sehr heißen sonnigen Tropengegenden kann ein aufgespannter dunkler Schirm nicht nur die Augen gegen die übermäßige Lichtfülle einigermaßen schützen, sondern auch dem Körper soweit Kühlung verschaffen, daß er weniger leicht ermüdet: in manchen Gegenden Westindiens pflegt sogar am Sattel ein Behältnis aus Korbgeflecht zur Aufnahme des Schirmes angebracht zu sein.

Das Schuhwerk muß stark sein, wenn Aufenthalt außerhalb der Städte geplant ist, das Leder häufig und gründlich eingefettet werden, da es sonst rasch rissig wird und den Dienst versagt. Zur Schonung der Sohlen ist kräftige Benagelung sehr angebracht; da in vielen Gegenden die einheimischen Schuster weder Nägel besitzen noch auch sie gut einschlagen können, empfiehlt es sich, noch in der Heimat bei einem tüchtigen Schuhmacher das Nageln selbst zu erlernen und die nötigen Nägel mit sich zu bringen. Wer in sehr entlegenen Gegenden seinen Wohnsitz aufschlägt, tut gut, sich auch mit einem Pfriemen zu versorgen und noch in der Heimat die einfachsten Reparaturen, namentlich Leder-Nähen, zu erlernen. Zum Reiten und für Fußreisen auf schmutzigen oder sumpfigen Wegen sind lange Stiefel sehr geeignet, namentlich solche, deren weiche Rohre bis über die Kniee reichen, da sie zugleich einen gewissen Schutz gegen die stellenweise sehr große Schlangengefahr bieten können. Statt hoher Reitstiefel können auch Schuhe in Verbindung mit Leder- oder Segeltuch-, noch besser Wickelgamaschen mit Vorteil getragen werden.

Für Gegenden, wo, wie in Neuguinea und Melanesien, die Wege immer wieder durch Flüsse gehen, wird statt ledernen Schuhwerks leinenes empfohlen: genagelt fürs Gebirge, ungenagelt für die Küste. Letzteres ist namentlich für solche Wegestrecken empfehlenswert, wo als Weg der Strand des Meeres dienen muß, der oft von den Wellen überspült wird; denn auf solchem Pfad würden die vom salzigen Wasser benetzten Schuhnägel rosten und damit zugleich das Sohlenleder zerfressen. Angenehm ist in Urwaldgegenden die Benutzung eines Bergstocks, der aber nicht größere Länge besitzen soll als etwa Achselhöhe, weil man sonst beim Wandern zu oft im dichten Wald gehemmt wird. Gutes Holz für Bergstöcke findet man allenthalben in den Tropenländern; aber die Mitnahme einer geschmiedeten Bergstockspitze ist anzuraten, da die einheimischen Schmiede auf dergleichen Arbeiten nicht vorbereitet sind.

Zum Schutz gegen Regen benützt der Reiter am besten einen kräftigen Gummiregenmantel. Für den Fußwanderer eignet sich ein solcher weniger, da man im Tiefland bei der dort herrschenden hohen Wärme beim Wandern im Regenmantel bald so sehr ins Schwitzen gerät, daß man von innen heraus naß wird und es bald angenehmer findet, sich anregnen zu lassen. Doch kann man sich und seine in den Taschen untergebrachten Gegenstände (Notizbuch, Zigarren, Tabak, Zündhölzer u. a.) auch mit einer leichten Pelerine aus gummiertem Stoff, oder mit einem leichten Lodenmantel oder mit den palmblattgeflochtenen Regenmänteln mancher Eingeborenenstämme schützen.

Im Hochland sind neben Gummiregenmänteln auch Lodenmäntel recht empfehlenswert. Doch wird es von Zeit zu Zeit notwendig, dieselben mit wasserdicht machenden Flüssigkeiten zu imprägnieren, da sie sonst allmählich Wasser durchlassen. (Baumwollene Gewebe werden 4 Stunden in einer Lösung essigsaurer Tonerde durchgearbeitet und dann getrocknet. Wollene Gewebe siedet man mit Alaunlösung, dann mit weißer Sodaseife an und trocknet sie an warmem, windstillem Ort. Noch besser bürstet man das Gewebe auf der Rückseite mit einer heißen Lösung von Alaun, Hausenblase und Seife, bürstet es nach dem Trocknen gegen den Strich und überfährt es zuletzt mit einer in reines Wasser getauchten Bürste, um ihm den Glanz zu nehmen). In manchen südamerikanischen Gebieten bieten die im Land selbst erzeugten Ponchos (Regendecken mit einem Schlitz zum Durchlassen des Kopfes) guten Schutz gegen Regen und Kälte zugleich.

Was Bettzeug betrifft, so wird man im tropischen Hochland alles mit Vorteil benutzen können, was man etwa an Wolldecken, Kissen, Federdecken, Bettlaken und dergl. zu Haus besessen hat. Im heißen Tiefland wird man freilich für Federdecken keine Verwendung mehr haben, aber bei der bald sich einstellenden gründlichen Verweichlichung des Körpers greift man doch in kühleren Nächten mit Vergnügen nach seiner Wolldecke. Wo man zu Pferd reist, wie vielfach im lateinischen Amerika, nimmt man gewöhnlich eine solche Decke, hinter dem Sattel aufgebunden, mit sich (während Waschzeug, Mundvorrat und andere kleine Sachen in Satteltaschen mitgeführt werden). In sehr feuchten Gebirgsgegenden benutzen manche Europäer sogar — als Schutz gegen Rheumatismus — wollene Bettlaken.

Hölzerne oder eiserne Bettgestelle europäischer Art mit Matratzen werden allenthalben von Europäern bevorzugt. Ob man sie aber in der Jetztzeit mit Vorteil mitnehmen wird, ist eine Frage, die mit der noch nicht genügend übersehbaren Frachtfrage zusammenhängt: bleiben die Frachten noch lange so hoch, wie gegenwärtig, so wird man bei fernen Auswanderzielen vermutlich besser tun, die viel Raum erforderlichen Bettgestelle zu Hause zu lassen und sich drüben allmählich neue anzuschaffen oder selbst zu zimmern. Im tropischen Tiefland sind einfache Bettrahmen mit einem Geflecht von Lederriemen oder Kokosstricken (an Stelle des Rostes und der Matratze) vielfach üblich, auch geradezu empfehlenswert, weil sie kühl sind und zudem dem Ungeziefer weniger Unterschlupf gewähren. In manchen Ländern wird auch die Hängematte vielfach als Ersatz für das Bett benutzt; man verwendet dann im Tiefland geflochtene, im Hochland aber — der Kälte wegen — Tuchhängematten. Hängematten kauft man meist billiger und besser in den betreffenden Ländern, namentlich Amerikas, als in der Heimat. Sie sind dort manchmal in so feiner und leichter Ausführung zu bekommen, daß man sie selbst auf dem Sattel mit auf Reisen nehmen kann und so sein Bett gewissermaßen mit sich führt. An das Schlafen in den Hängematten gewöhnt man sich bald; der Hauptschwierigkeit, dem häufigen teilweisen Verlieren der Wolldecke, kann man dadurch entgehen, daß man einen Schlafsack benutzt oder wenigstens durch entsprechendes Zusammennähen seiner Wolldecke (unten und auf der Seite) einen solchen improvisiert. Besonders günstig ist die Mitnahme einer Hängematte für Reisen im Urwald, wo man sie überall zwischen 2 Bäumen aufhängen und dann hoch über dem Boden schlafen kann, was nicht nur wegen Abhaltung der Feuchtigkeit, sondern auch wegen Verringerung der Schlangengefahr und Ungezieferplage günstig ist. Nur in offenen Steppengegenden versagt die Hängematte wegen Mangels an Tragpfeilern, und für solche Fälle ist ein Feldbett (eventuell mit Windschirm) vorzuziehen. Aber wer wird in der Heimat ein Feldbett besitzen, das er mit ins Ausland nehmen könnte?

Zur Bettausrüstung gehört in vielen Tropengegenden unbedingt ein Moskitonetz, das mit Hilfe eines auf dem Bettgestell aufgesetzten Rahmens aufgespannt werden kann. Solche Netze und Gestelle konnte man sich vielfach vor dem Krieg mit Vorteil schon in der Heimat beschaffen; jetzt wird aber auch das schwierig sein. Manches in der Heimat erhältliche leichte weitmaschige Moskitogewebe eignet sich auch nicht für Gegenden, wo so kleine geflügelte Blutsauger vorkommen, daß sie durch die Maschen des Gewebes hindurchzuschlüpfen vermögen. In solchen Fällen ist Verwendung eines sehr engmaschigen Gewebes oder eines dichten Stoffes nötig. Man hat vielfach der Hängematte nachgesagt, daß sie sich nicht als Bettersatz eigne, weil sie keine Anwendung eines Moskitonetzes zulasse. Aber das ist nicht richtig; hat man schon in Deutschland recht umständliche Verfahren patentiert, die diese Schwierigkeit überbrücken, so haben die Eingeborenen mancher amerikanischer Tropenländer durch Erfindung des Ärmelmoskitonetzes die Schwierigkeit in einfachster Weise behoben: an einem gewöhnlichen Moskitonetz werden auf den beiden Schmalseiten Ärmel angebracht, (mit je einem Schlitz am

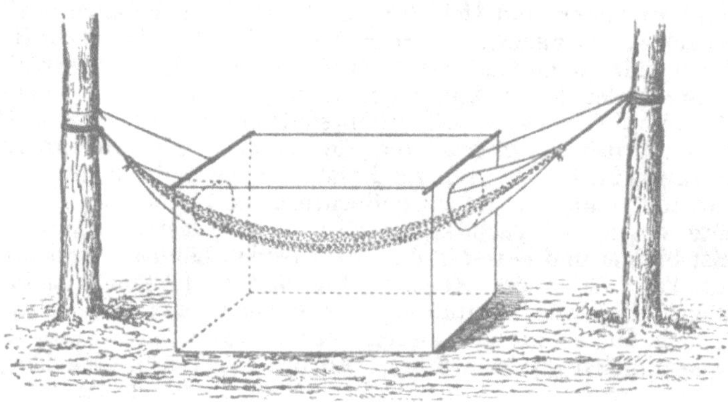

Ende, um die Hängematte durchziehen zu können); die Ärmel werden um die Stricke der Hängematte gewickelt, zugebunden und so moskitodicht gemacht; an den oberen Enden des Moskitonetzes sind Bänder angebracht, die eine Befestigung an 2 leichte Stäbe zulassen; diese wiederum bindet man in der Höhe an, so daß das Netz schwebt;

es muß natürlich auf der Erde aufruhen, und man tut gut, den am Boden liegenden Rest des Stoffs etwas zu beschweren, um das Eindringen kleiner Tierchen von außen zu verhindern. Etwa eingedrungene Moskiten tötet man vorsichtig von unten her mit dem Kerzenlicht, muß aber dabei sehr acht geben, daß der Stoff nicht Feuer fängt! (Feuerungefährlich ist Tötung mit Cyankali- oder Ätherfläschchen.)

Wenn der Tropeneinwanderer sich in dem fremden Land erst seinen Siedlungsort, seine künftige Farm auszusuchen gedenkt, so wird er gut tun, sich auch mit einem größeren Zelttuch (etwa 3×4 m) zu versehen, um nötigenfalls im Freien auch bei Regenwetter übernachten zu können. Die Mitnahme eines größeren vollständig montierten Zeltes mit Zeltstangen und anderem Zubehör ist mit großen Anschaffungs- und Transportkosten verknüpft und darum zu vermeiden. Bei einiger Übung und Genügsamkeit wird man auch unter einem einfachen Zeltdach ganz angenehm und behaglich übernachten.

Gezogene Jagdwaffen mitzunehmen empfiehlt sich für solche, die schon vorher sich mit Jagd abgegeben hatten, recht wohl, aber es ist notwendig, sich vorher zu vergewissern, ob die Einfuhr auch gestattet wird, was in vielen Ländern nicht der Fall ist (oder nur auf Grund besonderer Eingaben, auch wohl erst nach Bezahlung sehr hoher Gebühren). Wer nicht schon in der Heimat in der Jagd geübt war, wird meist, wenn er nicht gerade in besonders wildreiche Gegenden kommt (Afrika!), im allgemeinen keine großen Erfolge erzielen.

Die Einfuhr von Schrotflinten begegnet meist keiner Schwierigkeit; sie sind auch für den Jagdneuling auf der Vogeljagd oder bei anderen Gelegenheiten oft von wirklichem Nutzen und können unter Umständen auch gegen Schlangen mit gutem Erfolg verwendet werden.

Mit Revolvern oder Browning-Pistole zu reisen, ist in vielen Tropenländern allgemein üblich; doch ist die Einfuhr der Waffe, wie der Munition in vielen Ländern verboten. Wer eine solche Waffe mitnehmen will, der erkundige sich vor allem auch, ob die Munition dazu im Land ohne Schwierigkeit zu haben ist; nötigenfalls wähle man eben ein System, für das die Munition im Land leicht zu bekommen wäre. Denn was würde ein besseres System nützen, wenn es an den nötigen Patronen fehlt?

Alle Waffen, Messer, Nadeln, Metall-Instrumente müssen vor Antritt der Reise mit Vaseline eingefettet werden, da sie sonst oft schon zur See rosten.

Wer in Tropengegenden einwandert, wo das Pferd oder Maultier eine wichtige Rolle als Beförderungsmittel spielt, der wird mit Vorteil einen Sattel mitnehmen, sofern er schon in der Heimat einen besaß. Dagegen fragt es sich, ob man raten soll, bei den gegenwärtigen Preisen in der Heimat einen Sattel zu kaufen, da oft am neuen Wohnort billiger ein älterer ortsüblicher Sattel gekauft werden kann, der den Zwecken völlig entspricht. Zudem ist hervorzuheben, daß in vielen überseeischen Ländern, vor allem im spanischen Amerika, die Reittiere klein sind und daher unsere Sättel dafür leicht zu groß sind. Steigbügel mit selbsttätiger Auslösung im Fall eines Sturzes sind wünschenswert.

Die Mitnahme einer kleinen Stallaterne, in der Kerzen gebrannt werden können, empfiehlt sich sehr. Meist bekommt man in den Tropenländern nur Laternen für Petroleumfeuerung, hat aber in entlegenen Orten oft Schwierigkeit, Erdöl zu beschaffen. Koch- und Eßgeschirre nimmt der Auswanderer am besten mit sich. Am Bestimmungsort sind sie manchmal schwer zu bekommen. Aluminiumgeschirr ist sehr zu empfehlen.

Die Mitnahme von Ackerbau- und Hausgeräten, von Möbeln und Maschinen wäre vor dem Kriege, als die Frachten billig waren, und in Anbetracht der Tatsache, daß die meisten Länder den Neueinwanderern zollfreie Einfuhr ihres Umzugsguts bewilligten, entschieden anzuraten gewesen. Bei den gegenwärtigen sehr hohen Frachtspesen muß man aber überlegen, ob man nicht bloß das unentbehrlich-Notwendige mitnehmen, das übrige aber allmählich an Ort und Stelle kaufen oder selbst zusammenzimmern will, namentlich, wenn im fernen Land noch ein weiter Landtransport überwunden werden muß; denn dadurch können die Frachtkosten ganz außerordentlich verteuert werden. In vielen Fällen ist es sogar unmöglich, sehr große Maschinen oder Maschinenteile auf urwüchsigen Wegen und über leichtgebaute wenig tragfähige Brücken nach dem gewünschten Bestimmungsort zu bringen, weshalb in dortige Gebiete Maschinen gebracht werden müssen, die in möglichst kleine Teile zerlegbar sind.

Jeder, der in ein überseeisches Land mit unentwickeltem Verkehrswesen einwandern will und nicht gleich an der Küste oder an einer der wenigen vorhandenen Eisenbahnstationen sich festzusetzen beabsichtigt, muß sein ganzes Umzugsgut so verpacken, wie es die Transportbedingungen des künftigen Adoptivvaterlandes vorschreiben. In manchen Ländern sind Flüsse und größere Bäche die wichtigsten Verkehrsadern, und wo immer noch Motor- oder Ruderbote hingelangen können, dahin kann man auch noch große und schwere Einzelstücke ohne Schwierigkeiten verfrachten. Auch wo der Landtransport noch mit Pferdefuhrwerken oder Ochsenkarren bewerkstelligt wird, braucht man noch nicht ängstlich auf Gewicht und Größe der Stücke zu schauen. Auch Elephanten vermögen noch große schwere Stücke zu tragen; Kamele schon geringere, aber immerhin noch 3—6 Zentner. Sobald aber der Transport durch kleinere Saumtiere erfolgen muß, sollten die Einzelgepäckstücke 1 Zentner Gewicht nicht überschreiten und möglichst in Kisten oder Ballen von so bescheidenen Ausmaßen verpackt sein, daß das betreffende Saumtier auf jeder Seite eine Last zu tragen vermag. Unbequem große Gepäckstücke kann man ja auch wohl mitten auf den Rucken des Tieres packen; wenn aber nicht 2 seitliche Lasten (die dann geringes Gewicht haben mussen) den nötigen Halt geben, so rutscht die große Mittellast leicht ein wenig; das Tier wird dann leicht gedruckt und damit fur langere Zeit unfahig, großere Lasten zu tragen.

Wo menschliche Trager die Lasten befördern mussen, da gilt es, in Format und Gewicht sich gänz auf die Fahigkeiten der jeweiligen Eingeborenen einzustellen. Der indianische Trager vermag auf größere Entfernungen auch im Gebirge durchschnittlich gut 50 kg zu tragen, dem Neger pflegt man 30—40 kg aufzuladen, wahrend der Malaye, Papua oder Melanesier nur 15—20 kg zu tragen vermag. Der Auswanderungslustige muß sich eben vor der Abreise im entsprechenden „Wegweiser" oder in sonstigen Schriften oder noch besser durch Privatbriefe vorausgegangener Ansiedler uber die landesublichen Transportweisen unterrichten und diesen schon in der Heimat die Verpackung anpassen. Hier ist es noch verhaltnismaßig leicht, kleinere Kisten aufzubringen, in denen die Habe verstaut werden kann; (fur wertvolle oder feuchtigkeitsempfindliche Gegenstande nehme man kleine wasserdichte Blechkoffer!) Wer aber etwa in der Heimat seine Sachen in einige Riesenkisten verpackt hat, dem kann es vorkommen, daß er schon im Endhafen große Schwierigkeiten vorfindet, dieselben an Land zu schaffen; und wenn er sie glucklich an Land hat, so muß er sie unter Umstanden offnen und dort erst auf lauter einzelne Saumtier- oder Menschentraglasten verteilen. Wie schwierig ist es dann oft, Packmaterial, Kisten, Sacke und dergl. aufzutreiben! Und wie oft sind dann manche Teile der Habe wegen ungenugender Verpackung der Beschadigung ausgesetzt, wahrend man in der Heimat sie leicht in geeigneten Behaltnissen hatte unterbringen konnen!

Von großer Wichtigkeit ist fur den Auswanderer die Kenntnis des Zolltarifs und der Zollformalitaten, die in dem Lande seiner Wahl in Geltung sind. Es ist unbedingt notwendig, sich vorher daruber zu vergewissern, da es sonst vorkommen kann, daß einzelne Gegenstande einfach beschlagnahmt werden, andere aber mit so hohen Zollspesen belastet sind, daß sie schwer ins Gewicht des Ausgabenkontos fallen wurden, weshalb vor der Abreise eine sorgfaltige Sichtung der mitzunehmenden Gegenstande daraufhin unternommen werden sollte.

Wer in tropische Stadte einzuwandern gedenkt, in denen gute Ärzte wohnen, der braucht sich in medizinische Fragen nicht weiter einzulassen, als den „gesundheitlichen Ratgeber" zu studieren und danach zu handeln; im Bedarfsfall wird er eben den ansassigen Arzt um Rat fragen. Wer aber in entlegene Gegenden gelangt, der ist unter Umstanden weit entfernt vom nachsten Arzt und wird — schon der hohen Kosten wegen — nur im außersten Notfall den Arzt kommen lassen oder an dessen Wohnort reisen; im übrigen aber muß er sich in leichteren Fällen selbst helfen können, unter Umständen auch Nachbarn oder den Eingeborenen der Umgebung zu Hilfe kommen. Infolgedessen ist solchen Auswanderern sehr anzuraten, vor der Abreise sich von einem erfahrenen Mediziner oder Sanitätsmann im regelrechten Verbinden unterweisen zu lassen und sich außerdem mit einem populären Medizinbuch für Tropenkrankheiten und den nötigsten Heilmitteln, mit Verbandzeug und dergl., kurzum einer Hausapotheke kleinen Maßstabs zu versorgen, um im Bedarfsfall wenigstens nicht ganz ratlos und ohne Hilfsmittel dazustehen.

5. Verhalten der Neu-Einwanderer gegenüber der Natur und der Bevölkerung der Tropenländer.

Wenn der Auswanderer das Schiff besteigt, das ihn nach seinem fernen Ziel bringen soll, so versäume er nicht, in seinem Handgepäck bereits leichtere Kleidung, und, wenn er empfindliche Augen hat, auch Schutzbrillen mitzubringen; denn bald stellen sich auf der Fahrt die größere Wärme und Lichtfülle der Tropen ein, auf die man Rücksicht nehmen muß; zum großen, im Schiffsraum verstauten Gepäck zu gelangen, ist während der Fahrt umständlich, häufig unmöglich! Tropenhelm ist an Bord des Schiffs nicht nötig, da zur See die Sonne nicht so schädlich wirkt wie zu Land. Bei starkem Wind Mütze aufsetzen!

Wer mit offenen Augen reist, wird bald die Veränderung der Tierwelt und der Wasserfarbe des Meeres beobachten, er wird das ständig gleichgerichtete Wehen der Passate, das Auftauchen neuer Gestirne, das Kürzerwerden der Dämmerung und, falls er im Winter oder Sommer reist, die allmählige Annäherung der Tages- und der Nachtdauer bemerken. Und wenn das Schiff schließlich an einem tropischen Hafenort Halt macht, so staunt er, sofern es eine regenreiche Gegend ist, über die Pracht und Üppigkeit der Vegetation, über die Menge neuer verlockender Früchte, über die Fremdartigkeit von Pflanzen, Tieren und Menschen.

Mit Vergnügen wird an Land gegangen und Stadt und Land einer vorläufigen Besichtigung unterzogen. Dabei empfiehlt es sich gleich, Vorsicht zu üben, um keinen Schaden zu nehmen: man schütze sich durch den Tropenhelm oder wenigstens einen breitkrämpigen Hut, nötigenfalls auch wohl einen Sonnenschirm, gegen die allzu starke Sonnenbestrahlung, die leicht Kopfweh, ja sogar Sonnenstich erzeugen kann, und vermeide andererseits Durchnässung durch Regen von oben oder Wasser von unten. Namentlich versuche man nicht etwa gleich mit der Büchse in benachbarten Sumpfgebieten sein Jagdglück; in den meisten

Fällen würde man mit leeren Händen zurückkehren, nicht selten aber bereits die Keime eines Sumpffiebers (Malaria) mitbringen. Auch größere Fußwanderungen, wie sie kräftige unternehmungslustige Neu-Einwanderer wohl gerne unternehmen, haben nicht selten ein ungünstiges Endergebnis. Um dieser Gefahr von vornherein zu begegnen, nehme man zur Vorbeugung vor dem Betreten des Landes eine Dosis Chinin und vermeide nicht nur Durchnässung, sondern auch allzu starke Besonnung, sowie nach Möglichkeit den Aufenthalt an sehr moskitoreichen Stellen. (Vergl. Gesundheitl. Ratgeber S. 15).

Der quälende Durst, der den Neuling in der heißen Umgebung heimsucht, drängt zum Genuß reichlicher Mengen Flüssigkeiten oder zahlreicher Früchte, die sich oft sehr verlockend dem Auge darbieten. Gewiß fordert der Durst Befriedigung; aber man sei mäßig im Genuß von Wasser sowohl, wie von alkoholischen Getränken und von Früchten. So gut viele tropische Früchte schmecken, so bekommen sie doch nicht jedermann gut, wie denn z. B. die Mango manchen Magenbeschwerden verursacht. Ehe man sich also nicht über die Wirkungen der einzelnen Früchte auskennt, sei man etwas zurückhaltend in ihrem Genuß! Die Schalen entferne man oder wasche sie wenigstens gründlich mit einwandfreiem Wasser ab. Am bekömmlichsten sind gekochte Früchte; doch eignen sich wenige Tropenfrüchte zum Kochen oder Braten (Bananen). Nicht minder gilt das Gebot der Zurückhaltung Getränken gegenüber. Am bekömmlichsten und durstlöschendsten pflegen warme Getränke zu sein: Kaffee, Tee, Cacao. Es wird durch die warmen Getränke das Schwitzen zwar noch gesteigert, aber der Durst gelöscht, ohne den Magen zu beschweren. Alle Arten von Eisgetränken sind für empfindliche Mägen sehr beschwerlich und am besten zu vermeiden. Das Trinkwasser ist vielerorts keineswegs einwandfrei, und wo man dessen nicht sicher ist, daß das Trinkwasser wirklich rein und bekömmlich ist, trinke man es nur in gekochtem Zustand — nötigenfalls eben abgekühlt. Daß unreines Trinkwasser leicht allerlei Krankheiten übertragen kann, ist bekannt. Salate sind am besten ganz zu meiden, wenn sie mit ungekochtem oder unreinem Wasser angemacht worden sind. Filtrieren des Wassers bietet nicht genügenden Schutz. — Große Vorsicht sei gegenüber schweren alkoholischen Getränken anempfohlen, ganz besonders im Tiefland, wo der stärkere Durst zur Vertilgung größerer Mengen reizt: schwere Magenverstimmungen und Katzenjammer sind die Folge eines übermäßigen Genusses, häufige Wiederholung dieses Vorgangs aber führt zu starker Herabstimmung der gesamten Leistungsfähigkeit, während allerdings Alkohol als Medizin bei starker Durchnässung oder plötzlicher Magenverstimmung sehr nützlich sein kann.

Mäßigkeit empfiehlt sich auch für den Genuß von Speisen;

ein Übermaß derselben oder übermäßig fette oder gewürzte Speisen verderben im Lauf der Zeit auch gesunde Mägen, und sehr ungünstig wirkt vor allem allzu häufiger Genuß von Fleischkonserven, während die heimatlichen Fruchtkonserven jederzeit angenehm und bekömmlich sind.

In den Hafenstädten treiben sich allenthalben oft lüderliche und verdorbene Personen beiderlei Geschlechts herum, vor denen man sich hüten muß. Von dem Besuch von Spielhöllen muß ebenso dringend abgeraten werden, wie von dem Verkehr mit leichtsinnigen Frauenzimmern. Empfindliche Vermögensverluste oder Ansteckung mit bösen Krankheiten könnten die Folge einer Mißachtung der obigen Warnung sein; es könnte auf diese Weise der ganze Zweck der Auswanderung in Frage gestellt werden! —

Wenn man am endgültigen Hafen angelangt ist, so gehts ans Ausbooten des Gepäcks und der Personen zugleich. (Nur selten kann der Dampfer unmittelbar am Landungssteg anlegen.) In vielen Fällen wird man mit starken Booten an die Landungsstege gebracht, wo man aussteigt, oder im Fall starker Dünung auch wohl mittelst eines Dampfkrahnen in einer Art Käfig aus dem Boot gehoben und auf den Landungssteg gebracht wird; ähnlich nachträglich das Gepäck. Das ist eine recht bequeme und sichere Landungsmöglichkeit. An anderen Küstenplätzen, so vielfach an der Westküste Süd- und Mittelamerikas oder Afrikas, fahren die Boote durch die Brandung hindurch, und wo sie auf seichten Ufergrund aufstoßen, läßt man sich von einem Mann an Land tragen oder sucht laufend das Trockene zu erreichen, ehe die Brandungswelle zurückkehrt. Gewöhnlich wird man von derselben aber noch überholt und gehörig durchnäßt, und ebenso geht es Damen, die etwa in einem Tragsessel von 2 Männern an Land getragen werden, oder auch dem Gepäck. Man lernt aus dieser Mitteilung, daß man für solche Landungsmanöver keine gute Kleidung anziehen soll, und daß außerdem das Gepäck in möglichst wasserdichten Behältern untergebracht sein soll, das einzelne Gepäckstück aber kein zu schweres Gewicht haben darf.

Das wichtigste und meist auch sehr unangenehme Geschäft nach der Landung ist die Zollrevision. Wohl ist in vielen Ländern dem Einwanderer freie Einfuhr des Umzugsgutes zugesichert, aber die Bestimmungen wechseln oft plötzlich, und die Zolluntersuchung pflegt immer eine harte Aufgabe zu sein, die von dem Reisenden ein hohes Maß von Geduld verlangt. In den englischen und holländischen Kolonien pflegen die Zolluntersuchungen mit sachlicher Korrektheit vor sich zu gehen, so daß der Einwanderer keinerlei Sonder-Schwierigkeit zu gewärtigen hat. In den romanischen Ländern, vor allem Amerikas, aber auch im Herrschaftsbereich der Vereinigten Staaten sind gar manche

Zöllner unter dem Druck ihrer niedrigen Bezahlung und des teuren Lebens in den Hafenstädten für einen in der Stille der Verborgenheit gespendeten Beitrag zu ihren Lebenskosten recht empfänglich und dann geneigt, die Zolluntersuchung gelinder vorzunehmen; aber dem Anfänger ist nicht zu raten, einen Versuch nach dieser Richtung zu machen, da derselbe Menschenkenntnis und Gewandtheit in den landesüblichen Formen voraussetzt, wie sie dem Neuling natürlich nicht zu Gebote stehen, und ein mißlungener Versuch würde die Sache nur noch mehr erschweren. So bleibt ihm denn nichts anderes übrig, als dem Vorgang mit möglichstem Gleichmut beizuwohnen, aber seine Rechte, die ihm durch eingehende vorherige Erkundigung genau bekannt sein müssen, ebenso bestimmt wie höflich zu wahren.

Die Höflichkeit und den Gleichmut zu wahren, sich selbst zu beherrschen und den Ärger, den man empfindet, nicht erkennen zu lassen, sind Vorschriften, die man nicht nur im Zollamt, sondern allenthalben im fremden Lande befolgen sollte; man wird dann viel leichter vorwärts kommen, und der Zwang, den man auf sich selbst in der Absicht ausübt, stets Herr über seine Worte und seine Gebärden zu bleiben, dämpft allmählich, wenn er regelmäßig angewandt wird, die Erregungen des Gemüts so sehr, daß ein hohes Maß äußerer Ruhe schließlich erlangt werden kann. Die nervöse Hast, der Mangel an Selbstbeherrschung, die äußerliche Rücksichtslosigkeit in Wort und Tat, die allzu große Bereitwilligkeit, seinen Gedanken und Gemütserregungen immer gleich äußeren Ausdruck in Worten oder Geberden zu verleihen, sind Eigentümlichkeiten vieler Menschen in unserer deutschen Heimat, aber Eigentümlichkeiten, die keine berechtigte Eigenart darstellen und daher allmählich verschwinden sollten. Im fremden Land wird derjenige, der es zur Adoptivheimat erkoren hat, immer am besten tun, sich in allen äußeren Formen möglichst dem herrschenden Volk anzupassen und seine guten Sitten anzunehmen, um nicht unangenehm aufzufallen. Ich bin der letzte, der der Aufgabe auch nur einer guten deutschen Eigenschaft das Wort reden möchte, im Gegenteil, ich möchte zu festestem Ausharren an unserem Volk, unserer Sprache, unserer Kultur ermahnen, aber schlechte Gewohnheiten über Bord zu werfen, ist im Ausland schon deshalb nützlich, weil damit ein starker Grund für die Unbeliebtheit der Deutschen im Ausland wegfiele. Es wäre ja auch in der Heimat nur zu begrüßen, wenn das rücksichtslose Lautreden in Gesellschaft und auf der Straße, das Drängen und Hasten an Bahnsteigeingängen und Theaterbillettschaltern, das laute Schimpfen, die groben schroffen Worte bei jeder kleinen Unannehmlichkeit, die Überhebung, der Mangel an Selbstzucht endlich einmal wegfielen und damit das ganze öffentliche Getriebe einen ruhigeren und gesitteteren Charakter annähme!

Bei allen Kolonialvölkern, die in den Tropen Landbesitz haben, findet man eine ziemlich hohe Wertschätzung der Formen in Sprechweise und Gebärde, und Hand in Hand damit geht in der Gesellschaft eine höhere Wertung guter Kleidung und sorgfältiger Körperpflege. Wer diese Dinge in Deutschland noch nicht in der Kinderstube gelernt hat, der tut gut daran, sie sich im fremden Land noch anzugewöhnen; es wird ihn nicht gereuen! Von allen Kolonialvölkern sind aber wiederum am allerempfindlichsten die Lateinamerikaner bei Verstößen gegen die herrschenden Lebensformen, weshalb auch bei ihnen eine möglichst sorgfältige Anpassung an die Umgangssitten besonders notwendig ist; denn jeder Verstoß gegen dieselben wird geradezu als Mangel an Erziehung empfunden, und es ist für uns nicht erfreulich, dergleichen Mängel vorgeworfen zu bekommen. Die außerordentliche Höflichkeit, wie sie sich in den gebräuchlichen Redewendungen bekundet, ist freilich meist keine Höflichkeit der Tat, sondern nur des Wortes: eine Form! Der Neuling darf von den schönen Versprechungen und Aussichten, die er von wohlwollenden oder wohlgesinnt erscheinen wollenden Einheimischen zu hören bekommt, nicht allzuviel erwarten; vieles ist einfach Phrase, ein Wortschwall, der über die tiefere Gesinnung oft mehr hinwegtäuscht als aufklärt, eine Form des Verkehrs, die der deutsche Einwanderer höchstens mit starken Abschwächungen übernehmen wird, die er aber doch nicht ganz ablehnen kann. Man mag über den unwahren Formelkram der Lateinamerikaner denken, wie man will — soviel steht aber fest, daß er dem Verkehr sanfte, angenehme Formen verleiht und ihm die Kanten und Rauhheiten benimmt, die man bei uns in Deutschland so häufig findet. In den spanisch-amerikanischen Ländern bedient sich meist auch der Mann des niederen Volkes einer gewählten Ausdrucksweise, wenigstens dem Fremden gegenüber, und es ist nicht mehr als billig, daß man ihm im gleichen Ton antworte; ein solches Verfahren empfiehlt sich außerdem besonders deshalb, weil man auf diese Weise seine Zwecke am leichtesten erreicht. Bei dem fast völligen Verschwinden der Grenzen zwischen den verschiedenen Ständen, wie es im lateinischen Amerika üblich ist, gilt es, auch den Niedrigst-Stehenden noch mit einem erheblichen Maß von Höflichkeit zu bedenken. Abgesehen davon, daß es nun einmal so Sitte ist, ist es auch klug; denn man kann nie wissen, was aus einem ganz unscheinbaren Mann in diesen Republiken noch werden kann. Auf Indianer pflegt der Einheimische die Sitte des höflichen Verkehrs nicht anzuwenden; auch der Ausländer kann sich ihnen gegenüber höfliche Redewendungen sparen, aber eines darf man im Verkehr mit Indianern nie verlieren: die Ruhe. Ist solche schon im Verkehr mit Kreolen (d. i. im Lande geborenen Weißen) und Mischlingen sehr angebracht, so erst recht im Verkehr mit Indianern, die in Selbstbeherrschung die Kardinaltugend des

Mannes sehen. Zudem sind viele Indianer so suggestionsfähig, daß sie von Erregung unmittelbar angesteckt werden und dann Widerwillen gegen die Arbeit empfinden.

In außeramerikanischen Tropenländern liegen die Verhältnisse freilich oft wesentlich anders; aber Höflichkeit gegen die Angehörigen der herrschenden Klassen und Ruhe gegenüber den Eingeborenen ist überall von Nutzen.

Nicht unnötig mag es auch sein, dem Einwanderer zu raten, er möge sich weder mit *Worten* noch vollends mit Taten in die Politik des neuen Adoptivvaterlandes mischen. Auch möge er dessen Einrichtungen und Gewohnheiten nie mit schulmeisterlicher Überhebung herabsetzen; denn es gibt nicht leicht ein so sicher wirkendes Mittel, sich bei den Einheimischen unbeliebt zu machen als wenn man dies tut.

Den *Aufenthalt in den Hafenstädten* wird man im allgemeinen am besten nach Möglichkeit abkürzen; denn einmal ist das Leben in tropischen Hafenstädten gewöhnlich nicht nur teuer, sondern auch wegen drückender Hitze und anderen klimatischen und sonstigen Einflüssen unangenehm, ja oft ungesund. Man kann aber den Aufenthalt oft nützlich verwerten, indem man bei den dort etwa ansässigen Landsleuten, im Notfall auch wohl bei anderen europäischen (neutralen!) Kaufleuten oder Ingenieuren Besuch macht, wenn man über gewisse Dinge Rat und Auskunft holen will. Ich habe in nicht seltenen Fällen auf solchem Wege auch tatkräftige Hilfe gefunden, wenn es sich darum handelte, Reisemöglichkeiten nach dem Innern zu bekommen.

Freilich soweit *Eisenbahnen* ins Innere führen, ist fremde Hilfe unnötig; wohl sind die Fahr- und Frachtkosten oft sehr hoch, die Fahrgeschwindigkeit meist gering, die Zahl der in der Woche verkehrenden Züge oft sehr klein, aber im übrigen ist diese Beförderungsart kaum von der in Europa üblichen verschieden. Bei längeren Fahrten pflegt auf Zwischenstationen Zeit und Gelegenheit geboten zu sein, *Mahlzeiten* einzunehmen. So sehr dazu zu raten ist, diese Gelegenheiten wahrzunehmen, so ist doch empfehlenswert, sich etwas ablehnend zu verhalten, wenn an andern Zwischenstationen von Einheimischen Früchte und andere *Erfrischungen* angeboten werden, da man sich damit leicht den Magen verdirbt; *ein guter Magen ist aber die Grundlage jeglichen Wohlbefindens und aller Leistungsfähigkeit* überall auf der Erde, ganz besonders aber in den Tropen. (Nicht minder wichtig ist freilich eine geregelte Verdauung, für die unbedingt zu sorgen ist. Hartleibigen ist das regelmäßige Trinken von 3 bis 4 Glas Wasser morgens vor dem Frühstück sehr zu empfehlen.)

Seltener als Eisenbahnzüge pflegen *Flußdampfer* oder *Motorboote* ins Innere zu gehen; die Fahrgeschwindigkeit pflegt gering, Unterkunftsmöglichkeiten dürftig zu sein, und es empfiehlt sich sehr, sich vor der Abfahrt zu vergewissern, ob für Verpflegung an Bord überhaupt gesorgt ist.

Weit mühsamer als die beiden genannten Beförderungsarten ist die Beförderung mit Segelkuttern nach benachbarten Küstenplätzen oder mit Ruderbooten flußaufwärts. In beiden Fällen muß man sich für längere Zeit vorsehen; Segelfahrten, selbst auf kurze Strecken, können, wenn Windstille oder Gegenwind eintritt, sehr lange dauern, und es ist gut, sich mit allen Vorbereitungen, besonders Proviant und Getränken, aut diese Möglichkeit einzurichten. Bootsfahrten gehen sehr langsam vor sich und können bei entsprechender Entfernung Tage und Wochen dauern. In vielen Gegenden ist für den Europäer auf den Ruderbooten ein Schutzdach gegen Sonne und Regen angebracht, das man als große Annehmlichkeit empfindet, obgleich sich in ihm während des Tages starke Hitze zu entwickeln pflegt. Wenn es aber durch Stromschnellen geht, so tut man gut, sich außerhalb dieser Schutzdächer aufzuhalten, da es im Fall des Kenterns schwer wäre, sich dann erst herauszuarbeiten. Wo man nicht in Eingeborenenhütten oder Europäeransiedelungen unterwegs Unterschlupf finden kann, da muß man an Land oder im Boote selbst übernachten; ein gutes brauchbares Moskitonetz ist hierbei oft unentbehrlich. Die Mahlzeiten muß man sich bei solchen Reisen oft selbst am offenen Lagerfeuer bereiten; für solche Fälle muß dann natürlich das nötige Küchengeschirr mitgenommen werden. (Email- oder Aluminiumgeschirr ist vorzuziehen vor leichtzerbrechlichem irdenem oder Porzellangeschirr; die Stelle von Tassen nehmen mit Vorteil Calebassen ein!)

Wie man sich Segel- und Ruderboote samt zugehöriger Bemannung am besten durch den Wirt oder einen ansässigen Kaufmann verschafft, so auch Ochsenkarren oder Reit- und Saumtiere mit dem nötigen Personal, ev. auch Träger für Überlandreisen. Diese Beförderungsweisen sind recht verschieden nach Schnelligkeit und Grad der Bequemlichkeit. Zu Pferd lassen sich im Tag bei ordentlichem Zustand der Wege leicht 50—60 km zurücklegen, zu Fuß — namentlich in gebirgigen Ländern — selten mehr als die Hälfte. Auf häufiger begangenen Wegen und in dichter bevölkerten Gebieten trifft man im Spanischen Amerika in gewissen Abständen kleine Hotels, die Unterkunft und Verpflegung in bescheidenem Maßstab bieten; man tut gut, sich hier nach der Landessitte zu richten. In vielen Gegenden pflegt man in diesen Hotels erst recht spät aufzustehen; der eilige Reisende wird daher gut tun, sich mit Kerzen und womöglich einer Stallaterne zu versehen, um gegebenen Falls noch im Dunkeln aufbrechen und die kühlen Morgenstunden voll ausnützen zu können.

In dünner bevölkerten Gebieten stehen seitens der beteiligten Regierungen in den Tropen der alten wie der neuen Welt häufig unbewirtschaftete Unterkunftshütten (Rasthäuser, Pasang grahan,

Ranchos nacionales und dergl.) in gewissen Abständen zur Verfügung der Reisenden, welche sich für solche Reisen natürlich bereits mit dem nötigen Proviant, Küchengeschirr, Schlafzeug und Beleuchtungsmöglichkeiten versorgt haben müssen. Oft kann man auch in Dörfern im Rat- oder Schulhaus Unterkunft finden, die Verpflegung aber in benachbarten Privathäusern auftreiben. Vielfach nimmt man auch die Gastfreundschaft von einheimischen einsamwohnenden Pflanzern oder selbst von Eingeborenen in Anspruch, wobei man, in Ermangelung eines eignen Feldbetts oder einer Hängematte, am besten auf einer Bank oder einem Tisch übernachtet. In allen dünnbewohnten Tropenländern ist Gastfreundschaft eine selbstverständliche Gepflogenheit, doch wird ebenso selbstverständlich erwartet, daß der Gast sich seiner Gastpflicht erinnere und die Hausordnung in keiner Weise störe. Bei Eingeborenen oder ärmeren einheimischen Farmern wird man oft keinerlei Lebensmittel erhalten können, für welchen Fall die nötige Vorsorge getroffen sein muß; auch muß man sich häufig genügen lassen, in der gedeckten Veranda vor der eigentlichen Wohnung zu übernachten. In Malaria- oder Gelbfiebergegenden meide man nach Möglichkeit das Übernachten in der Nähe von Eingeborenenhütten wegen der Übertragungsgefahr und auch sonst halte man sich möglichst frei von unmittelbarer Berührung der Eingeborenen, da manche von ihnen ansteckende Hautkrankheiten oder andere Übel haben.

Bei den Reisen ist die ungewohnte Hitze dem Einwanderer sehr lästig. Um sich Abkühlung zu schaffen, ist häufiges Baden sehr zu empfehlen. Auf dem Ozean-Dampfer wird gewöhnlich in Seewasser gebadet; doch versäume man nicht, nach dem Bad sich mit Süßwasser abzugießen; denn sonst reizt das auskristallisierende Salz leicht die Haut und begünstigt das Entstehen eines Hitzeausschlags (des „roten Hundes"), der auch bei anstrengender körperlicher Tätigkeit auf dem festen Lande an Stellen, wo die Kleidung sich an der Haut reibt, sich einstellen kann. Auf holländischen Tropendampfern tritt an Stelle des Vollbads in Seewasser das Abgießen mit ansehnlichen Mengen von Süßwasser, was viel günstiger ist: es kühlt ab ohne Hautreizung und hilft etwa vorhandenen roten Hund heilen.

Das Baden im Meer in freier Natur ist vielfach wegen Auftretens von Haifischen, Krokodilen, Wasserschlangen, Nesseltieren usw. etwas gefährlich, weshalb es sich empfiehlt, sich vor dem Bad bei Ortskennern über die Rätlichkeit eines Bades zu erkundigen.

Ein gleiches gilt aber in manchen Ländern auch bei Bädern im fließenden oder stehenden Süßwasser, wo unter Umständen von Raubfischen, Alligatoren oder Krokodilen, Schlangen, Blutegeln und dergl. Gefahren drohen. In manchen Tropenländern (z. B. Kamerun, Südamerika) kann man sich beim Baden in Flüssen auch bösartige Krankheiten zuziehen dadurch, daß Schädlinge durch die Haut einwandern (vergl. gesundheitlicher Ratgeber S. 36.)

Besonders angenehm ist häufiges Baden nach anstrengenden Ritten oder gar auf längeren Fußmärschen. Beim Baden im süßen Wasser meide man aber seichte Tümpel und trübe Hochwasserfluten, da die Erfahrung zeigt, daß leicht Erkrankungen auf derartige Bäder folgen; kein Bedenken liegt aber in vielen Ländern gegen Baden in klaren Bächen, Flüssen oder Seen vor, doch vermeide man es, den nackten Körper längere Zeit den Sonnenstrahlen auszusetzen, da empfindlicher Sonnenbrand, unter Umständen sogar Sonnenstich, die Folge sein kann. Im tropischen Tiefland ist es sogar gut, mit dem Tropenhelm auf dem Kopfe zu baden, um eine länger dauernde Besonnung des Kopfes zu vermeiden.

Wenn für das Wohlbefinden in den Tropen häufiges Baden und überhaupt sorgfältige Körperpflege notwendig ist, so ist andererseits aber auch peinliches Reinhalten der Kleidung und vor allem der Unterkleidung, häufiges Waschen, häufiges Wechseln derselben wichtig. Auf solche Weise vermeidet man am leichtesten den roten Hund. Zugleich arbeitet man aber auch manchem Ungeziefer (namentlich Stechfliegen) entgegen, das durch den Geruch unreiner Wäsche oder unsauberer Haut angelockt wird.

Zu den unangenehmsten Begleiterscheinungen des Tropenlebens gehört ja der Kampf mit dem Ungeziefer, der noch aufreibender ist, als etwa der Kampf gegen großes Raubzeug oder sonstige größere schädliche Tiere.

Von diesen allen, mag man nun die altweltlichen oder neuweltlichen großen Katzen und sonstigen Raubtiere des festen Landes, mag man Schlangen, Krokodile, Skorpione, Tausendfüßler, giftige Spinnen u. a. m. betrachten, gilt ja im allgemeinen der Satz, daß sie den Menschen nicht angreifen, wenn sie nicht gereizt sind. Höchstens wird von manchen Einzelexemplaren der großen katzenartigen Raubtiere berichtet, daß sie nach vorhergehendem Kosten frischen Menschenfleisches vielfach so Gefallen daran gefunden hätten, daß sie in ihrem späteren Leben sich den Genuß gerne wieder verschaffen möchten und darum bei günstiger Gelegenheit einzelne Menschen angriffen — was ebenso von Tigern und Leoparden, wie von Jaguaren und selbst Pumas berichtet wird. Infolgedessen meiden auch einzelne Reisende gerne gefährdete Strecken oder übernachten oben im Dachraum der Rasthäuser oder Ranchos nacionales, wohin ihnen die großen Katzen nicht nachfolgen können. Jedenfalls sind Menschen im allgemeinen viel weniger gefährdet als Rinder, Schafe, Ziegen u. a. Haustiere, die durch großes Raubzeug oft angegriffen werden.

Weit gefährlicher als die großen Raubtiere sind im allgemeinen die Schlangen, die in manchen Tropenländern außerordentlich zahlreich sind und dort großenteils giftigen Arten angehören.

Da sie vielfach wegen ihrer Schutzfarben sich kaum von dem Rotbraun des Erdbodens oder Grün der Blätter oder dem Dunkel der Baumrinden abheben, wenn sie sich ruhig verhalten, so ist es dem ungeübten Auge des Europäers oft schwer, sie im Grasland oder vollends im Halbdunkel des Urwaldes zu erkennen und danach zu meiden. Die Gefahr, die Schlangen zu reizen, ist namentlich für den Fußwanderer sehr groß. Man kann sie auf sehr einfache Weise stark herabsetzen, indem man nämlich auf den schmalen Fußpfaden einen Eingeborenen vorausgehen läßt, dessen scharfes wohlgeübtes Auge die Schlangen auf dem Weg oder in den Bäumen sicher erkennt und der daher sie rechtzeitig erlegen oder umgehen kann. Wenn die Schlange nicht gereizt ist, läßt sie sich sogar, ohne sich zu rühren, überspringen, und wo ein Überspringen nicht möglich ist, da kann man das Tier durch Rascheln im Laub mit dem Stock oft zum Rückzug bewegen, sodaß man seinen Weg ruhig fortsetzen kann. Im allgemeinen wird man sich überall auf den Rat der Eingeborenen verlassen dürfen, die über die Gewohnheiten dieser Tiere oft überraschend gut Bescheid wissen. Sollte einmal eine Schlange ihrerseits auf ihrem Weg über einen Menschen hinwegkriechen, so wird sie ihm auch nichts anhaben, wenn sie selbst nicht schon gereizt ist, und wenn andererseits der Mensch sich, ohne zu zucken, völlig ruhig verhält. So ist denn die Schlangengefahr nicht ganz so schlimm, wie sie auf den ersten Anblick aussieht; aber Vorsicht ist doch immer am Platz, und ihr verdanke ich es — neben meinem Glücksstern! —, daß ich 12 Jahre lang in schlangenreichen Tropenländern wandern konnte, ohne je gebissen zu werden, während ich doch früher einmal am heimatlichen Bodensee gebissen worden war!

Wenn jemand doch das Unglück haben sollte, von einer Giftschlange gebissen zu werden, so folge er den Anweisungen des Gesundheitlichen Ratgebers S. 43: Abbinden, Aufschneiden, Aussaugen. In manchen Gegenden, z. B. Mittelamerikas, wissen auch die Eingeborenenärzte gute Heilmittel gegen Schlangenbisse; doch ist es nötig, daß dann die Schlangenart genannt werde, weil die Heilmittel für verschiedene Arten verschieden sind; in solchen Gegenden tut also der Europäer gut, die Schlangen mit ihrem einheimischen Namen benennen zu lernen. Auch in Brasilien, wo die Heilmethoden mit Serum allgemein verbreitet sind, ist Kenntnis der Schlangenarten notwendig.

Wichtig ist es, die unmittelbare Umgebung des Wohnhauses ev. auch des Lagerplatzes von Unterholz zu reinigen, weil auf diese Weise die Gefahr doch verringert wird.

Lästig, aber nur den Vorräten gefährlich sind Ratten und Mäuse, die in manchen Häusern und Hütten massenhaft vorkommen. Kann man ihnen im eigenen Haus durch Katzen oder Terrier zu Leibe rücken, so ist man im fremden Haus wehrlos. Man schläft in mäusereichen Häusern am besten in Hängematten und hängt eßbare Vorräte, aber auch Kerzen, Schuhe und Stiefel mit Stricken an der Decke auf. Hat man keine Hängematte und muß man auf dem Boden oder Feldbett schlafen, so bleibt einem bei allzu großer Frechheit der Mäuse nichts anderes übrig, als die Decke übers Gesicht zu ziehen, damit sie nicht auf dem Gesicht selbst tanzen!

Schwer und hartnäckig ist der Kampf gegen Wildschaden, der aber nur den Landmann betrifft und ihn zur Herstellung von Wildzäunen nötigt; den Reisenden betrifft er nicht. Dieser muß vielmehr hauptsächlich seine Aufmerksamkeit auf Abhaltung schädlicher und lästiger Insekten und sonstiger niedriger Tiere aller Art lenken.

Der Stich der Skorpione soll in manchen Gegenden zwar tödliche Folgen haben, hat aber in den meisten Ländern keine schweren Nachwirkungen, wenn er auch sehr intensiven Schmerz, auch wohl kurzdauernde örtliche Lähmungserscheinungen hervorruft (ich litt z. B. einmal nach einem Skorpionstich 3 Tage lang an Zungenschlag). Skorpione sind im Freien, vor allem aber in älteren Eingeborenenhütten, stellenweise recht häufig, aber nicht angriffslustig. Wenn einem z. B. ein Skorpion den Hals herauf ins Haar kriecht, so wird man sicher nicht gestochen, wenn man sich ganz ruhig verhält; man mag dann einen Begleiter rufen, der ihn vorsichtig mit dem Fingernagel wegstieben kann. Da Skorpione sich bei Nacht leicht in Stiefel und Schuhe hinein verkriechen, so pflegte ich nach einmaliger schlimmer Erfahrung jeden Morgen meine Bergschuhe kräftig anzuschlagen, die Öffnung nach unten, wodurch etwaige Insassen herausgeschleudert wurden, oder ich band meine weichen Stiefelrohre gleich am Abend zusammen, um das Eindringen solcher Tiere zu verhindern. Nach erfolgtem Stich sind Aussaugen und Aufschneiden der Stichstelle, Auswaschen mit Salmiakgeist und nachträgliche kalte Umschläge angebracht, desgleichen bei Bissen giftiger Spinnen. Umschläge von verdünntem Salmiakgeist oder auch von kaltem Wasser wendet man bei Bissen von Tausendfüßlern, Stichen von Bienen, Wespen, Moskiten und dergl. mit Nutzen an (vergl. gesundheitl. Ratgeber S. 44 ff). Wespennester, die manchmal an kleinen Unterholzbüschen am Weg vorkommen, umgeht man am besten in großem Bogen. Bei leichteren Bienen- oder Wespenüberfällen kann man sich durch rasche Flucht noch retten, bei schweren, wie sie einmal Schweinfurth durchmachte, hilft nur Überdeckung mit hinreichend dicken Decken und geduldiges, unter Umständen stundenlanges Ausharren darunter, bis sich der Schwarm allmählich beruhigt hat.

Zahlreich sind in den warmen Ländern Ameisen, die sich durch eine ätzende Flüssigkeit (Ameisensäure) und durch ihre Freßlust sehr unangenehm bemerklich machen können. Man sucht nach

Möglichkeit, ihnen aus dem Wege zu gehen, und wenn ein Schwarm Wanderameisen einen im Haus oder im Lager überfällt, so bleibt nichts anderes übrig, als für die Dauer ihrer Anwesenheit zu flüchten (Mittelamerika) oder sie zu verteilen durch Ausfegen und Ausräuchern. Gegen ihren Anmarsch sichert man sich durch einen Streifen Asche, den sie nie überschreiten (Afrika). Trotz aller Unannehmlichkeit sieht man die Wanderameisen nicht ungern, weil sie alles Ungeziefer im Hause (Skorpione, Cucarachas-Schwaben und dergl.) in kürzester Zeit vernichten. Eßwaren muß man in der Weise vor Ameisen schützen, daß man die betreffenden Behälter mit Stricken an der Decke aufhängt. (Im eigenen Haus stellt man die Füße der Schränke, die eßbare Dinge, namentlich Zucker, enthalten, in wassergefüllte Blechgefäße und sorgt für rechtzeitige Wassernachfüllung.)

Schlimmer als Ameisen sind Termiten für den Siedler, da sie Möbel und andere Holzgegenstände durch Ausfressen von Innen heraus oft vollständig vernichten, ohne daß die äußere Form sichtbar beschädigt würde, bis plötzlich ein Zusammenbrechen erfolgt. Gewisse Holzarten (Eisenholz) werden von Termiten nicht angegriffen und sind deshalb für Möbel bevorzugt. Die Bekämpfung ist auf der Reise schwierig. Am einfachsten ist es, alle Kisten täglich umzusetzen und auch Gegenstände, die an Lehmwänden oder lehmgefugten Wänden hängen, oft umzuhängen.

Außerordentlich häufig ist in Eingeborenenhäusern die Flohplage, gegen die das Schlafen in recht hochgehängten Hängematten am besten schützt. (Sonst nützt reichliches Insektenpulver recht gut.) Auch das Einwickeln in Pferdedecken soll helfen, da die Flöhe den Pferdeschweißgeruch nicht vertragen. Besonders zudringlich sind Flöhe in zeitweise verlassenen Eingeborenenhütten, wo man sich nur dadurch halbwegs Ruhe schaffen kann, daß man den Boden mit siedendem Wasser übergießt und mit einem Besen abkehrt. (Vergl. über diese und andere Insektenplagen zur Ergänzung auch die Ausführungen im „gesundheitlichen Ratgeber" S. 37 ff.)

Kopfläuse sind bei Eingeborenen aller Erdteile häufig zu treffen, seltener Kleiderläuse. Durch vorsichtiges Fernbleiben von Behafteten und peinliche Reinlichkeit, häufiges Baden und Kleidersonnen kann man meist diesen Übeln entgehen. Recht empfehlenswert ist das Schlafen in einem ganz leichten dünnen wollenen oder baumwollenen Schlafsack mit Kaputze, sofern man in verdächtigen Hotelbetten übernachtet.

Schwieriger ist es, der Wanzenplage zu entrinnen. Insektenpulver ist nützlich, schützt aber meist nicht ausreichend. Auch ein Schlafsack schützt hier nicht, vielmehr muß derselbe, wie die Bettwäsche, nach dem Übernachten in behafteten Betten jedesmal sorgfältig nachgesehen werden, um ein Verschleppen des Ungeziefers zu vermeiden.

Daß man sich gegen Stechmücken (Schnaken, „Moskitos", Sancudos) durch Moskitonetz bei Nacht schützen kann und wegen möglicher Krankheitsübertragung auch unbedingt soll, ist schon oben ausgeführt worden. Auch unterwegs wird man manchmal seine Mahlzeiten unter dem Moskitonetz einnehmen müssen, wenn man ungestört essen will. Wenn man genötigt ist, in schlimmen Moskitogegenden ohne Netz zu übernachten, so empfiehlt es sich, alle entblößten Körperteile bis auf die Nase mit Tüchern zu verhüllen, die dick genug sind, daß sie keine Stiche durchlassen; es ist zwar dann die Hitze sehr lästig, aber doch eher ein Schlaf möglich, als wenn man ständig die Stiche zu ertragen hat. Beim Reiten oder Fußwandern ist das Tragen von waschledernen Handschuhen als Schutzmaßregel in schlimmen Moskitogegenden sehr empfehlenswert. Man hat auch schon vorgeschlagen, vom Tropenhelm einen Mückenschleier (mit Marienglasfenster vorn) herabhängen zu lassen und am Hals festzubinden, um die Stechmücken vom Kopf abzuhalten; aber in der Praxis läßt sich diese Schutzeinrichtung meist nicht anwenden, sicherlich nicht beim Fußwandern, da man unter dem Schleier so sehr in Hitze zu geraten pflegt, daß man vorzieht, sich stechen zu lassen, als die furchtbare Hitzetortur längere Zeit auszuhalten. Außer Gesicht und Händen sind besonders gefährdet die Knöchel (Gamaschen) und Teile, an denen das Zeug fest anliegt (Gesäß: die Mücken stechen gerne von unten durch Rohrstühle). Man hat schon empfohlen, man solle eine Lampe unter den Tisch setzen, da sie mit Vorliebe im Dunkeln stechen. Auch Rauchen ist nützlich.

Krätze (die durch Milben verursacht ist) ist in manchen Gegenden unter den Eingeborenen ungemein verbreitet; die Übertragung kann aber durch vorsichtiges Vermeiden der Berührung angesteckter Menschen und Kleider meist hintangehalten werden. In der Südsee ist Ringwurm weit verbreitet und überträgt sich leicht bei Berührung: ein pflanzlicher Parasit, der unter der Haut sich weiter verbreitet und ebenso nur durch ärztliche Behandlung zu unterdrücken ist wie die weitverbreitete ansteckende Hautkrankheit der Frambösie.

Zecken (Holzböcke, Garrapatas, Ticks) sind in Viehzuchtgebieten der Tropen eine arge Plage des Reisenden. Manchmal hängen sie in dicken Knäueln an Gräsern und Blättern und überschwemmen den unvorsichtig anstreifenden Reisenden mit Dutzenden, ja Hunderten dieser Plagegeister. Man ist noch am besten dagegen geschützt, wenn man lange Reitstiefel mit enganschließenden, weichen Röhren trägt, die so stark eingefettet sind, daß die meisten Zecken daran abrutschen und abfallen. Gamaschen schützen schon viel weniger. Auch Damen sollten in Zeckengegenden in Männerbeinkleidern reisen und hohe Reitstiefel tragen, in die die Beinkleider hineingesteckt sind. Sobald man am Rastplatz angelangt ist, klopfe man sich die Beinkleider mit einer leichten Gerte ab und schüttle den Rock tüchtig aus, um die anhängenden Zecken zum Abfallen zu bringen. Eine Anzahl der Tierchen wird aber doch den Weg zum Leib des Reisenden gefunden und sich namentlich in größerer Anzahl in der Nähe des Gürtels angesiedelt haben. Man sucht sich dieselben ab und zerdrückt sie zwischen den Fingernägeln oder wirft die großen, (die sich nicht zerdrücken lassen) ins Feuer; den Rücken läßt man sich vom Diener oder einem Begleiter absuchen. Die großen Pferdezecken muß man sehr vorsichtig herausziehen, da sonst leicht der Kopf in der Wunde zurückbleibt und langdauernde Entzündungen und Eiterungen verursacht; Behandlung mit Fett, Öl oder Petroleum soll sie töten, so daß sie dann leicht entfernt werden können. Die eingedrungenen Zecken erzeugen ein lästiges Hautjucken, das auch nach der Entfernung der Ursachen noch lange anhält, aber durch häufiges Baden oder kalte Abwaschen gemildert werden kann.

Eine noch schlimmere Plage als die Zecken stellen die Madenfliegen (Comoyote in Mexico und Mittelamerika, Cuterebra in Südamerika) dar. Die stechende Fliege legt ihr Ei unter der Haut ab, wo sich dann das Ei zur Made mit verdicktem, durch Hakenkränze bewehrtem Vorderleib entwickelt. Man bemerkt zunächst nur einen schwach geröteten Stich, der sich aber nie schließt, sondern beim Drücken stets etwas eiterige Flüssigkeit hervortreten läßt; allmählich entsteht eine längliche, etwas verhärtete Beule, unter der die Made nach etwa 4 Wochen 1,2 bis 1,5 cm Länge erreicht hat. Durch gewaltsames Pressen kann man das Tier herauspressen; weit leichter geschieht dies, wenn man es vorher durch Auflegen von Kopalharz, von Öl oder Fett (etwa 1/4 Viertelstunde!) zum Ersticken gebracht hat. Auch durch Einschieben von Tabakblattrippen gelingt oft die Tötung. So schmerzhaft auch die Beulen sind, so sind sie doch im allgemeinen völlig ungefährlich. Dagegen sind Fliegenmaden in Nase oder Ohr sehr gefährlich, oft tödlich, und verlangen sofortige ärztliche Behandlung.

Sehr verbreitet und lästig ist in allen tropischen Ländern Amerikas (neuerdings auch in vielen afrikanischen) der Sandfloh (Nigua). Der erste Sandfloh, der sich in den Fuß (auch wohl die Hand) eingebohrt hat, wird meist gar nicht recht beachtet: man spürt wohl ein Jucken, etwa wie bei Frostbeulen, bemerkt aber bei flüchtigem Hinsehen nichts als eine bloße Rötung, bis schließlich der Eiersack des eingedrungenen Sandflohs so groß geworden ist, daß man aufmerksam werden muß. Man lasse sich den Sandfloh am besten durch einen sachverständigen Eingeborenen herausoperieren (Frauen pflegen zartfühlender zu sein!); dies kann mit einer sauberen desinfizierten (ev. ausgeglühten) Stahlnadel geschehen; es ist aber darauf zu achten, daß der Eiersack nicht zerbricht, weil sonst leicht nachträgliche Eiterungen entstehen; die

Wunde wird mit verdünnter Carbolsäure desinfiziert (Eingeborene verwenden an dessen Stelle oft — mit gutem Erfolg — frische Tabakasche). Wer es vermeidet, mit nacktem oder nur durch Strümpfe bekleidetem Fuß den Boden zu berühren, wird übrigens der Sandflohplage ganz entrinnen können; ich pflegte unter der Hängematte oder dem Bett statt niedriger Hausschuhe (die nicht genügend schützen) hohe leichte Rohrstiefel bereit zu haben, um beim Aufstehen alsbald in diese hineinzuschlüpfen und habe so jahrelang mich frei von Sandflöhen halten können. Wer aber doch von ihnen befallen wird, lasse sie sich herausnehmen, ehe sie groß geworden sind; man hat dann nur wenig Beschwerden. — Da starker Verdacht besteht, daß Starrkrampf unter Umständen durch Sandflöhe übertragen wird, so empfiehlt es sich sehr, sie nach Möglichkeit ganz auszuschalten.

Daß der Europäer überhaupt das Barfußgehen in den Tropen unterlassen soll, weil Hakenwurmbrut vielfach durch die bloßen Füße in den Körper eindringt, möge im „Gesundheitlichen Ratgeber" S. 33 des Näheren nachgelesen werden.

Eine sehr unangenehme Belästigung des Reisenden geschieht in vielen Gegenden Australasiens und der Südsee durch Landblutegel, die in feuchten Gegenden vielfach an den Büschen hängen und auf den Reisenden übergehen. Wickelgamaschen und Leinenstrümpfe schützen am ehesten gegen sie. Haben sie sich aber festgesaugt, so behandle man nach ihrer Entfernung die Wunde, wie jede Wunde, sorgfältig mit desinfizierenden Flüssigkeiten (essigsaurer Tonerde, Sublimatlösung 1 : 1000 und dergl.) und sorge für ständige Reinhaltung.

Sehr unangenehm ist für den Reisenden die massenhafte Anwesenheit von Hausfliegen in manchen unsauber gehaltenen Hotels oder Eingeborenenhäusern, doch läßt sich am fremden Ort nichts dagegen tun, da nur Abklatschen und Fangen bezw. Verhinderung der Aufzucht im Lauf der Zeit helfen könnte. Da die Fliegen nicht nur lästig, sondern als Krankheitsüberträger auch gefährlich sind, so tut man gut, allzu fliegenreiche Häuser nach Möglichkeit zu meiden. Man kann selbst daran denken, — sofern man die genügende Ausrüstung bei sich hat — sich in der Nachbarschaft ein Zelt oder eine Wetterhütte zu errichten und dort zu übernachten, eine Maßnahme, die in verseuchten Gebieten (Pockenepidemien, Gelbfieber usw.) unbedingt ratsam ist.

6. Wirtschaftliche Möglichkeiten für den Einwanderer.

Bevor man sich zur Auswanderung in die warmen Länder entschließt, muß man sich vor allem über die Aussichten klar sein, die sich einem in denselben eröffnen. Niemand wird die Heimat verlassen, der nicht vor sich die Moglichkeit eines wirtschaftlichen Fortkommens, ja eines Aufstiegs sieht. Im allgemeinen ist in den meisten Tropenlandern die Bevolkerungsdichte viel geringer als bei uns, also auch die Ellenbogenfreiheit fur den Einzelnen großer, wirtschaftlicher Aufstieg fur den korperlich und geistig Tuchtigen leichter, wahrend freilich körperlich und geistig Minderwertige hier auch besonders leicht zu Grunde gehen.

Fur den Einwanderer bieten sich zweierlei Möglichkeiten: Beschaftigungen gleicher Art, wie er sie zu Hause geubt hat, so etwa Kaufmannschaft, Handwerk, freie Berufe aller Art oder aber Beschaftigungen, wie sie den heißen Landern eigentümlich sind und daher auch praktisch erst dort erlernt werden konnen, wenn auch in der Heimat schon eine eingehende theoretische Vorbereitung vorausgegangen sein kann und soll, wie etwa in tropischer Agrikultur. Die Vorbildung eines Gartners oder Landwirts, eines Botanikers oder auch Forstmanns erleichtert naturlich das Einleben in den Beruf eines Tropenpflanzers, aber jede derselben ist weit davon entfernt, den Kenner derselben unmittelbar zum praktischen Pflanzerberuf geeignet zu machen, denn die Wachstumsverhältnisse und die individuellen Bedürfnisse der einzelnen tropischen Nutzpflanzen bieten doch so viel Eigenartiges, was sich erst durch sorgfältige Beobachtung und lange Erfahrung lernen laßt, daß in allen Fallen erst Lernen und Anpassung notwendig sind, ehe der Betrieb einer Plantage unbedenklich dem Einwanderer uberlassen werden kann.

Aber auch in den Beschaftigungen, die in den Tropen gleichartig sind wie in der gemaßigten Zone, ist großenteils entweder der Betrieb oder der Aufgabenkreis ein etwas anderer als in der Heimat, sodaß auch hier ein gewisses Umlernen und Neulernen notwendig wird: Der Arzt sieht sich vor manche neuartige Krankheiten gestellt, der Ingenieur hat mit fremdartigen Maßstaben und besonderen Aufgaben zu rechnen, der Kaufmann muß sich ein ganz anderes warenkundliches Wissen aneignen, muß viel mehr als in der Heimat sich mit Kursschwankungen und Wechselrecht befassen und dergl. mehr, der Handwerker muß unter Umständen sein Rohmaterial infolge der besonderen klimatischen Einflusse der neuen Heimat (wie hohe Luftfeuchtigkeit oder große Wärme) anders behandeln als zu Haus; alle aber stehen vor der Aufgabe, sich in eine fremde Sprache und Volkseigenart einzuleben, unter schwierigen klimatischen Verhaltnissen die Arbeit zu verrichten und zudem nach der Arbeit eine minder ausgiebige Erholung zu haben, manches aber zu entbehren, was in der Heimat jedem leicht zuganglich ist.

So steht jedem, der in die Tropen geht, eine reiche geistige Umstellungsarbeit bevor, die durch die gleichzeitige korperliche Anpassung an das neue Klima sowie an die neue Nahr- und Lebensweise noch erschwert wird. Es ergibt sich daraus, daß im allgemeinen nur jugendliche, anpassungsfähige und tatkräftige Naturen gute Aussicht haben, sich rasch soweit umzuschalten und einzuleben, daß sie mit den Ortsansässigen, von Jugend auf Akklimatisierten in erfolgreichen Wettbewerb eintreten können.

Erste Grundlage jedes Erfolges in den Tropen ist körperliche Gesundheit; die ärztliche Untersuchung zu Haus muß die erste Auslese treffen und die sicher Untüchtigen ausschalten. Aber erst an Ort und Stelle zeigt es sich, ob Tropentüchtigkeit vorliegt: gar nicht selten stellt sich nämlich heraus, daß der durch ärztlichen Befund noch als tüchtig erkannte Einwanderer doch für Malaria oder andere Tropenkrankheiten stark empfänglich ist, daß also nur ein bescheidenes Maß von Tropentüchtigkeit vorliegt. Wenn ein solcher Fall eintritt, so muß man entweder zurückkehren oder aber sich auf einen Beruf oder einen Wohnort einstellen, der ein ersprießliches Wirken auch für den nicht Voll-Tropentüchtigen gestattet.

Wir können die Berufe in städtische und ländliche scheiden, wobei unter den „städtischen" diejenigen verstanden sein sollen, bei denen in der Hauptsache die Beschäftigung sich innerhalb des Hauses abspielt, also auch die Gefahren der Malaria, des Sonnenstichs oder Hitzschlages, sowie bei vernünftiger Lebensweise der Ruhr und dergl. wesentlich herabgesetzt ist. Dazu gehören die Berufe des Kaufmanns, des Schreibers, des Beamten, des Handwerkers, des Maschinisten, des Elektrikers, des Schreiners, Fleischers, Bäckers u. s. f.; sie alle können mit einem bescheidenen Maß von körperlicher Tropentüchtigkeit selbst im Tiefland auskommen. Wer aber einen Beruf hat, der ihn unbedingt auf ländliche Betätigung hinweist, wie der Landwirt, oder zu häufigen kleinen Reisen und Wanderungen zwingt, wie der Landarzt, der kann bei nur mäßiger Tropeneignung nicht im Tiefland bleiben, sondern wird seinen Wirkungskreis nach dem mäßig warmen oder kalten Lande verlegen müssen. Fürs kalte Land ist eigentliche Tropentüchtigkeit überhaupt nicht nötig; aber dafür ist wegen des dort herrschenden niedrigen Luftdrucks ein kräftiges Herz Voraussetzung; wer irgend mit Herzleiden behaftet ist, muß aufs Hochland verzichten; auch solche, die schwache Atmungsorgane oder Neigung zu Rheumatismus haben, müssen sich im Hochland großer Vorsicht befleißigen.

Nicht minder wichtig wie die körperliche ist die geistige Gesundheit: ein hohes Maß von Anpassungsfähigkeit, von Eignung zu rascher Auffassung und Verarbeitung der Eindrücke, von Umsicht und von Kombinationsgabe, die geschäftliche Möglichkeiten rasch zu erkennen gestattet, sind Voraussetzung jeden dauernden Erfolges. Aber nicht minder sind geduldige Ausdauer, Gewissenhaftigkeit, fester moralischer Halt und Zuverlässigkeit in allen Lebenslagen von größtem Wert. Wer über diese nicht verfügt, der wird in den Tropen noch leichter Schiffbruch leiden, als in der Heimat, jedenfalls noch schwerer im Kampf ums Dasein zu ringen haben, als in der gemäßigten Zone mit ihren viel reichlicheren geschäftlichen Möglichkeiten.

Aus rein klimatischen Gründen ist der Aufenthalt im kalten Hochland, also oberhalb 1800 m Höhe am meisten zu empfehlen. Im spanischen Amerika gibt es ja ausgedehnte und fruchtbare Hochländer dieser Art. Dort kann auch der Nordeuropäer alle Beschäftigungen ausüben, die er in der Heimat betrieben hat. Hier allein könnte man, soweit nur klimatische Gründe in Betracht kommen, auch dem deutschen Bauern die Ansiedelung empfehlen. Wohl würde er das Fehlen längerer Tage zur Erntezeit, die intensive Hitze bei direkter Besonnung um die Mittagszeit, die häufigen starken Nebel, in manchen Gegenden auch ungenügenden Regenfall und in den höheren Gebirgslagen die lange Vegetationsdauer des Getreides (z.T. über 10 Monate!) unangenehm empfinden, aber er könnte sich doch körperlich bei seiner Beschäftigung durchaus wohl befinden, und könnte die gleichen Kulturen pflegen, die gleichen Haustiere züchten wie zu Haus, ohne die Methoden ändern zu müssen. Aber er würde gar manches entbehren müssen, was er zu Haus leicht bekommen konnte: Bier, Wein, gesellige Anregung und dergl. mehr; er würde sich vielleicht schwer daran gewöhnen, inmitten einer andersfarbigen und andersdenkenden Bevölkerung zu leben und vor allem, er würde die Konkurrenz der ganz bedürfnislosen Einheimischen in den allermeisten Fällen nicht aushalten können, da er doch an Wohnung, Kleidung, Nahrung ganz andere Ansprüche zu machen gewohnt ist, also auch höherer Einnahmen bedarf, als sein farbiger Nachbar. Nun könnte er aber seine Produkte nur im Lande selbst absetzen, wo der Preis eben durch den Wettbewerb der Einheimischen nicht sehr hoch zu sein pflegt; zur Konkurrenz auf dem Weltmarkt wären seine Produktions- und vor allem Frachtkosten zu hoch, und wenn er auch durch verbesserte Anbaumethoden reichere Ernten hervorbringen würde als seine Nachbarn, so genügte das doch noch nicht, um ihm den Wettbewerb mit einheimischen Erzeugern zu ermöglichen. Versuche mit großen Mustergütern nach deutscher Art im Hochland von Guatemala haben gezeigt, daß auch Großbetrieb im Getreidebau noch nicht genügende Rentabilität sichert. Zu bedenken ist übrigens auch, daß der Ankauf von Land, die Errichtung von Gebäuden, die Anschaffung von Vieh und Geräte sehr erhebliche Summen verschlingen und in Anbetracht unserer tiefstehenden Valuta für viele Bauern geradezu unerschwinglich sein dürften. Verhältnißmäßig günstiger sind die Aussichten der Viehzucht im Hochland, wo bei Kreuzung eingeführter guter Zuchttiere aus der gemäßigten Zone mit der einheimischen Rasse schon sehr gute Ergebnisse erzielt worden sind. Aber solche Viehzucht im Großen setzt wieder den Besitz großer Kapitalien und reicher vorheriger Erfahrungen im Tropenland voraus, weshalb derartige Betriebe für den kleinen neueinwandernden Bauern nicht in Frage kommen.

Wenn ich nach Gesagtem annehmen muß, daß die wirtschaftlichen Aussichten des Kleinbauern im tropischen Hochland keineswegs glänzend sein würden, so muß ich doch hervorheben, daß er bei günstiger Lage seines Gutes (in der Nähe einer größeren Stadt) gut sein Fortkommen finden könnte, wenn er sich auf Gemüsebau, Geflügelzucht, Imkerei, Milchwirtschaft einstellt.

Deutsche Landarbeiter könnten zwar auf den spärlich vorhandenen größeren Mustergütern vielleicht entsprechende Stellungen finden; aber derartige Posten sind so selten, daß man ohne vorherige Sicherheit jedenfalls nicht in Tropenländer auswandern sollte, da doch in der Heimat solcher Mangel an landwirtschaftlichen Arbeitern besteht, und diese zudem verhältnismäßig besser bezahlt werden als in den Tropen. Auf kleinen Gütern als Landarbeiter Stellung zu nehmen, ist für einen Deutschen unmöglich, da die bedürfnislosen Indianer, Mischlinge, auch stellenweise (Südbrasilien) Italiener mit viel niedrigeren Löhnen zufrieden sind, als er beanspruchen müßte.

Für alle städtischen Berufe eignet sich das tropische Hochland vortrefflich, soweit das Klima in Betracht kommt, da körperliche und geistige Tüchtigkeit hier dauernd erhalten bleiben und eine gesunde kräftige Nachkommenschaft zu erwarten wäre. Deutsche Kaufleute, Handwerker, Ärzte, Maschinisten und dergl. werden sich durch ihre bessere, allgemeine und fachliche Vorbildung, vor allem aber durch größere Gewissenhaftigkeit und Vertrauenswürdigkeit vor den einheimischen Wettbewerbern auszeichnen und damit eine gesicherte Position erringen können. Zu Erwerbung größerer Vermögen hat aber höchstens der Kaufmann günstige Gelegenheit.

In gewissem Sinn ist den städtischen Berufen auch der Bergbau anzugliedern, insofern sowohl die Bergingenieure, Hüttenmänner und Verwaltungsbeamte, als auch die Bergarbeiter, Maschinisten und sonstigen Hilfskräfte keine intensive körperliche Betätigung unter freiem Himmel auszuüben haben. Wo die Bergwerke, wie oft in Südamerika, in sehr großen Höhen liegen, ist die Vorbedingung eines gesunden kräftigen Herzens besonders wichtig. Gar mancher vermag aber auf die Dauer die dünne Luft doch nicht zu ertragen. Die Bezahlung der Angestellten und Arbeiter in den tropischen Bergwerken ist im allgemeinen recht gut; Gelegenheit zum Erwerben größerer Vermögen ist aber meist nur für die Unternehmer selbst gegeben. — Einzelne Goldwäscher und Prospektoren durchziehen zwar viele Gebiete mit der Hoffnung im Herzen, einmal einen großen Fund zu tun, aber ich habe keinen getroffen, der ihn wirklich getan hätte, vielmehr sind die Aussichten so gering, daß ich von einem derartigen Beruf ganz entschieden abraten möchte.

In den tieferen Lagen der Tropenländer (unterhalb 1800 m) beginnt das dauernd frostfreie Gebiet, das klimatisch und wirtschaftlich erst eigentlich als Tropengebiet gerechnet zu werden verdient. Es ist das ein Gebiet, das andere Dinge hervorbringt, als in unserer Heimat möglich ist, das daher auch dem Siedler die Möglichkeit zu reicherem Gelderwerb bieten kann.

Im mäßig warmen Land gedeihen europäische Getreide-, Obst- und Gemüsearten höchstens noch in den höheren Lagen (in immerfeuchten Gebieten bis 1200 m, in periodisch feuchten noch tiefer herab); im warmen Tiefland gedeihen sie gar nicht mehr. Deutsche Bauern haben hier (also unterhalb dieser unteren Anbaugrenze von 1200 m) nichts mehr zu suchen, es sei denn, daß sie sich auf die einheimischen Kulturen einstellen. Das ist im brasilianischen Staat Espirito Santo seitens 16000 deutscher Tagelöhner und Bauern mit Erfolg geschehen; aber im allgemeinen sind Versuche mit Bauernkolonien im tropischen Tiefland entschieden zu widerraten, da sie meist kläglich gescheitert sind (Yucatan, Chiriqui, Holländisch Guayana usw.) oder recht dürftig vegetierten (Jamaica, Gazellehalbinsel u. a.). Einen gewissen wirtschaftlichen Erfolg könnten vielleicht tropentüchtige kinderreiche Bauernfamilien erzielen, wenn sie sich auf verhältnismäßig gesunden tropischen Inseln (Kleine Antillen; Samoa u. anderen Südsee-Eilanden) ansiedeln, um ausfuhrfähige Produkte hervorzubringen (Kaffee, Kakao u. a.). Doch ist die Erwerbung von Land jetzt in derartigen Gebieten wohl noch schwieriger, als in den tropischen Hochländern Amerikas, und der wirtschaftliche Erfolg wäre unsicher.

Viehzucht ist im warmen und mäßig warmen Tropenland zwar möglich und in günstig gelegenen periodisch trockenen Gegenden mit ausgedehnten natürlichen Grasfluren (die durch Ansäen ertragreicher fremder Grassorten, wie Pará, Guinea-Gras u. a. stellenweise verbessert werden könnten) ein gutes und sicheres Geschäft, obgleich Zecken, Schlangen und Raubzeug manchen Verlust bringen. Rindvieh ist zudem im Tiefland häufig völliger Abmagerung durch Zecken ausgesetzt, und wenn auch Abwaschungen mit einem Gemisch von Kokosnußöl und Petroleum einigermaßen helfen, so leidet doch der Viehstand stark darunter. Schweine werden oft von Sandflöhen befallen u. s. f. Der große Vorzug der Viehzucht beruht darin, daß sie auch noch in sehr abgelegenen Gegenden nutzbringend möglich ist, da das Vieh auf weite Strecken hin zum Verkaufsort getrieben werden kann, die Landtransportkosten also gering sind. Bei langen Märschen magert es freilich stark ab, aber es wird in solchen Fällen eben am Bestimmungsort noch einige Zeit auf Weide geschickt, bis es wieder genügend Fleisch angesetzt hat (Brasilien z. B.). Aber in allen Fällen erfordert die Viehzucht auch im Tiefland große Kapitalien und außerdem ortsgemäße fachliche

Erfahrung, ohne die ein rentabler Betrieb nicht denkbar ist. Aus diesen Gründen eignet sich auch Viehzucht zu selbständigem Betrieb nicht sofort für den Einwanderer, sondern kann erst in Betracht kommen, wenn er selbst eigene Erfahrungen gesammelt oder mindestens einen vertrauenswürdigen orts- und geschäftskundigen Teilhaber oder Geschäftsführer gewonnen hat.

Das ständig feuchte Gebiet ist für Viehzucht wenig geeignet; denn die Urwälder bieten dem Vieh kein Futter. Es müssen daher künstliche Weideflächen geschaffen werden, was mit großen Kosten verknüpft ist. Da aber in denselben bald wieder Holzgewächse nachwachsen, so muß man dieselben ein- oder zwei mal im Jahr wieder entfernen, was wiederum recht kostspielig ist. Außerdem ist aber meist die Schlangen- und Raubzeugplage stärker als in der offenen Landschaft, Verluste also größer, so daß die Rentabilität gering wird oder überhaupt mangelt. So wird denn in Urwaldgebieten meist nur so viel Viehzucht getrieben, als für die Arbeitszwecke notwendig ist.

Größere Urwälder können wegen ihres Futtermangels von Rinderherden auch nicht durchwandert werden, weshalb man stellenweise (z. B. Rio Branco in Brasilien) genötigt ist, das Vieh auf Dampfern durch die Waldgebiete hindurchzuführen.

Viehzucht wird im tropischen Gebiet vorzugsweise zu Zwecken der Fleisch- und Häutegewinnung getrieben, aber auch zur Aufzucht von Arbeitstieren: Ochsen, (die in Afrika und Teilen des tropischen Amerika nicht nur als Zug-, sondern auch als Reittiere verwendet werden), Pferden, Maultieren u. s. f. Milchwirtschaft, Käsebereitung und dergl. spielen im allgemeinen eine bescheidene Rolle, da der Milchertrag fast überall sehr gering ist, auch die Milchperiode der Kühe nur kurz zu dauern pflegt. Verbesserung der degenerierten einheimischen Rassen durch europäische Zuchttiere wird vielfach versucht. Aber diese Versuche sind sehr kostspielig, also für den Einzelnen schwer durchzuführen, und zudem sind sie zu vereinzelt, als daß sie im Stand gewesen wären, bereits den Viehstand ganzer Länder zu heben.

Ausfuhr von Lebendvieh war zeitweise nicht unbeträchtlich (so von Honduras nach Cuba); aber sie hat großenteils aufgehört, weil das Tropenvieh meist mit Zecken behaftet ist. Dagegen ist während des Krieges stellenweise (Brasilien, Westafrika) die Ausfuhr von Gefrierfleisch bedeutend geworden, und es ist wohl möglich, daß andere Gegenden dem Beispiel folgen werden.

Ackerbau, Gemüsebau und Baumzucht sind unterhalb 1200 m stark verschieden von unserer Landwirtschaft, weil in diesen ständig frostfreien Höhenlagen fast nur noch tropische Gewächse gedeihen. Wohl kann in der oberen Abteilung des mäßigwarmen Höhengürtels (1200—1800 m) in den Tropen noch Getreide gebaut werden, auch reichen manche Obstarten noch ziemlich weit herunter (Pfirsiche noch bis 1300 m ü. M., die in

Sudeuropa so viel angebauten Orangen und Zitronen sogar bis zum Meeresspiegel herab), aber die Hauptmasse der gepflegten Kulturgewachse ist tropisch, also dem deutschen Landwirt völlig unbekannt, so daß derselbe, wenn er sie anbauen will, darauf angewiesen ist, erst im Lande Erfahrungen über die Kultur zu sammeln oder, was freilich viel weniger zu empfehlen ist, einen ortserfahrenen Geschaftsfuhrer zu suchen.

Anders ist es freilich in mäßighohen Lagen wendekreisnaher außertropischer Gebiete, wie auf dem Hochlande des nördlichen Mexico, wo Klima und Boden den Betrieb unserer landwirtschaftlichen Zweige vielfach gestatten. Es ist aber notwendig, sich daran zu erinnern, daß in diesen Gegenden weithin der Regenfall fur Ackerbau nicht ausreicht, weshalb künstliche Bewässerung notwendig wird. Man sei also bei Ansiedlungsprojekten in diesen Gegenden vorsichtig und erkundige sich im einzelnen Fall genau bei einem unparteiischen guten Kenner des Gebiets, weil man sonst schwere Enttauschungen erleben kann.

Den Anbau der ortsublichen Hauptnahrgewachse überlaßt der Europäer in den eigentlichen Tropen meist den Einheimischen, obwohl stellenweise rationeller Anbau in größerem Maßstabe auch dem europäischen Unternehmer Nutzen lassen würde. Europaische Pflanzer wenden sich meist dem Anbau von Tropengewachsen zu, die Ausfuhrartikel liefern, wie Zuckerrohr, Kaffee, Tee, Chininbäume, Tabak, Baumwolle, Gewurze aller Art. Kaffee, Tee, Chininbäume, Cocabüsche haben ihre besten Wachstumsbedingungen im mäßigwarmen Land, weshalb ihre Kultur den Nordeuropaern, also auch den Deutschen, am besten zusagt. Besonders in Guatemala und Südmexico ist die Zahl deutscher Kaffeepflanzungen außerordentlich groß; viele jüngere Deutsche hatten hier als Verwalter, Kaufleute, Ingenieure, Maschinisten, Gartner, Aufseher u. dergl. dauernd Stellung gefunden und auch in anderen Landern trifft man Deutsche viel auf Kaffeeplantagen. Im hollandischen Indien spielen neben Kaffee- die Chinarindegewinnung und der Teebau eine große Rolle. Auch Baumwolle, Zucker und Tabak gewinnt man viel im maßigwarmen Lande. Wenn der Deutsche Gelegenheit findet, in solchen Pflanzungen unterzukommen, so moge er bei sonst gunstigen Bedingungen zugreifen. Fur Anlage einer eigenen Plantage ist aber großes Kapital erforderlich. In der Nahe schon bestehender Betriebe könnte vielleicht daran gedacht werden, im Kleinbetrieb Kaffee, Zuckerrohr, Baumwolle zu bauen und jeweils den Ertrag dem Großunternehmen zur weiteren Aufbereitung zu verkaufen. Doch kann zu solchen Kleinunternehmen nicht geraten werden, da eine Verwalter- oder Chemiker-, Ingenieur- oder Buchhalterstelle in einem Großbetrieb bessere Bezahlung bringt, als man sich auf jene Weise selbst verdienen kann, sofern nicht etwa eine größere Zahl von Kleinunternehmern sich genossenschaftlich zusammenschließen würde. Für harte ausdauernde Landarbeit wie sie ein Plantagenarbeiter zu leisten hätte, kann der Deutsche nicht in Betracht kommen, während Italiener und andere Südeuropäer dazu schon geeignet sind.

Freie Berufe (Ärzte, Lehrer, Geistliche, Apotheker u. s. f.), kaufmännische Stellen, Handwerkerberufe, Anstellungen in elektrischen Betrieben oder industriellen Unternehmungen (Eisfabriken, Seifen- und Kerzenfabriken, Reparaturwerkstätten, Spinnereien u. s. f)., auch dienende Berufe im mäßigwarmen Lande können von Deutschen, soweit klimatische Probleme in Frage kommen, gut ausgefüllt werden und ermöglichen bei günstigen Vorbedingungen ein zufriedenstellendes Fortkommen; jedoch sind die wirtschaftlichen und auch politischen Verhältnisse von Ort zu Ort und Land zu Land oft so verschieden, daß ein allgemeiner Rat nicht gegeben werden kann.

Das heiße Land (tropisches Tiefland) eignet sich nur als Ort mehr oder weniger vorübergehender Ansiedlung. Nur sehr wenige mögen unter besonders günstigen Umständen (etwa auf kleinen gesunden Inseln oder an windüberwehter Küste) in den tropischen Niederungen eine dauernde Ansiedlung und Familie begründen können; sonst aber ist wenig Aussicht auf Erfolg, namentlich wenn vom Siedler noch körperliche Arbeit im Freien verlangt wird. Man möge sich daher auch nicht etwa von Auswanderungsagenten auf eigenen Landlosen in tropischem Tiefland ansiedeln lassen, da ein späterer Mißerfolg höchst wahrscheinlich wäre. (In neuester Zeit haben sich manche nordamerikanische Kapitalisten von verschiedenen Tropen-Regierungen Landkonzessionen geben lassen gegen die Verpflichtung, mehr oder minder große Zahlen von Siedlern darauf anzusiedeln.) Die meisten Weißen erschlaffen unter dem Einfluß des heißen Klimas früher oder später, selbst in städtischen Berufen, und müssen dann im Hochland oder in der alten Heimat neue Kräfte sammeln; am besten läßt man auch die Kinder in Europa erziehen, die dann später zurückkehren, ins väterliche Geschäft eintreten und es schließlich übernehmen, wenn der Vater dauernd nach der Heimat zurückkehrt, um im Genuß seines erworbenen Vermögens dort seinen Lebensabend zu verbringen.

Zu langdauerndem Aufenthalt ist tropisches Tiefland nur besonders energischen, von Natur aus tropentüchtigen und zudem vorsichtig und mäßig lebenden Deutschen anzuempfehlen, und auch diesen nur dann, wenn sie die Aussicht haben, am fremden Ort in absehbarer Zeit ein ansehnliches Vermögen oder (Holländisch-Ostindien) eine auskömmliche Pension zu erringen und damit sich die Zukunft zu sichern. Dabei ist es gleichgültig, ob eigene Unternehmungen oder Vertrauensstellungen in großen Betrieben oder staatliche bezw. private Anstellungen (etwa als Forstmann, Geologe, Chemiker, Hüttenmann, Ingenieur) oder freie Berufe (als Ärzte, Gutachter in Bergwerks- oder Plantagenangelegenheiten und dergl.) die Grundlage fur die spatere wirtschaftliche Unabhangigkeit abgeben. Einzelne mogen auch durch Ausbeutung der Walder (Schlagen und Ausfuhr von Mobelholzern, wie Mahagoni, Cedrelen, von Schiffsbauholz, Farbholzern usf. oder Sammeln-lassen von Wildkautschuk, Kaugummi, Balsam u. a.) sich ein Vermogen verdienen, doch sei hier gleich bemerkt, daß jede Ausnutzung der tropischen Urwalder recht schwierig, anstrengend und gesundheitsgefahrlich ist und daß Deutsche als Arbeiter in solchen Betrieben nie in Frage kommen konnen. Dagegen ist es sicher, daß kenntnisreiche Manner von Kombinationsgabe im Urwald noch gar manche im Welthandel verwertbare Produkte oder zu plantagenmaßigem Anbau geeignete Gewachse entdecken und ausnutzen konnten. Auch Jagd und Fischerei beschaftigt zuweilen deutsche Unternehmer; aber die Einzelausubung der Reiher-, Paradiesvogel-, Alligatorenjagd, der Perl- oder Schwammfischerei u s f. uberlaßt man am besten den Eingeborenen. Versuche, Großfischerei in tropischen Meeren (Westindien) zu betreiben, haben sich als unrentabel erwiesen. Dagegen haben sich kleinere Schiffswerften in tropischen Landern unter der Leitung von Europäern und Chinesen recht gut entwickelt, so daß auch Deutschen an manchen Stellen dazu geraten werden könnte. Am haufigsten erwerben aber Europaer durch kaufmännische Unternehmungen oder durch Plantagenbetrieb im tropischen Tiefland großere Vermögen. Die bedeutsamsten Anbauzweige des tropischen Tieflandes sind Zuckerrohr, Kautschuk, Kakao, Reis, Baumwolle, Kokos- und Ölpalmen, Sisalhanf, Kapok u. a.

Zur Anlage einer Plantage ist ein bedeutendes Kapital neben grundlicher Sachkenntnis notig, weshalb der Einwanderer nicht daran denken sollte, etwa gleich ein eigenes Unternehmen zu grunden; vielmehr ist es, wie bei kaufmannischen Unternehmungen, am besten, zuerst Angestellter bei einem tuchtigen Geschaftsmann zu werden und dort grundlich zu lernen, ehe man sich auf eigene Fuße stellt.

Bergbau und Industrie sind nur in wenigen tropischen Tieflandgegenden von erheblicher Bedeutung; doch hat namentlich der Bergbau stellenweise sehr gute Aussichten (Petroleum, Silber, Gold, Zinn, Glimmer u. a.), und die Tropengebiete sind noch so wenig untersucht, daß in vielen Landern die Möglichkeit besteht, neue ergiebige Lager aufzufinden. In der Kriegszeit sind auch manche Lager in Abbau genommen worden, die zuvor noch nicht rentabel hätten abgebaut und verhuttet werden können (Mangan- und Eisenerzlager in Brasilien u. s. f.). Die Industrie steckt noch in den Anfangen und durfte, abgesehen von jenen Zweigen, die an Ort und Stelle gebunden sind (elektrische Licht- und Kraftanlagen, Eisfabriken) oder zur Verarbeitung ortsstandiger Rohmaterialien dienen (Spinnereien, Webereien, Zigarren-, Seifen-, Kerzenfabriken u. s. f.), im Welthandel wohl nie konkurrenzfähig mit denen der gemäßigten Zonen werden. Immerhin hat der Krieg sehr erzieherisch gewirkt und stellenweise (so in Brasilien) manche Industriezweige zum Erstarken gebracht.

Es besteht da und dort noch reichlich Gelegenheit zur Anlage neuer industrieller Unternehmungen, die Erfolg versprechen, namentlich sofern Wasserkraft vorhanden ist, die in den kohlenarmen Tropen besonders hoch geschätzt werden muß.

Verkehrsanlagen (Eisenbahnen, Flußdampferlinien und dergleichen) bieten (gleich Bergbau und Industrie) Unternehmern, Ingenieuren, kaufmännischen Angestellten, Lokomotivführern, Heizern, Maschinisten, Schlossern, Schreinern u. s. f. oft die Möglichkeit eines guten Unterkommens und Fortkommens. Doch ist leider die überwiegende Mehrzahl derartiger Unternehmungen im tropischen Amerika, wo sonst die günstigsten Vorbedingungen bestehen, in den Händen von Engländern und Amerikanern, weshalb die Wahrscheinlichkeit einer Anstellung zur Zeit noch für Deutsche sehr gering ist. Bei unserer gegenwärtigen Finanzlage besteht auch wenig Aussicht, daß in nächster Zeit schon größere deutsche Unternehmungen dieser Art gegründet werden dürften.

Neuerdings hoffen nicht Wenige auch auf militärische Anstellungen im Ausland. Gar mancher Deutsche war schon vor dem Krieg aus Not und Abenteuerlust in die Tropen gegangen und hatte dort Militärdienste bei fremden Regierungen genommen, so bei der französischen Fremdenlegion oder bei der holländischen Kolonialtruppe. Die schlechte Behandlung der Deutschen in der französischen Fremdenlegion und die außerordentlich harte Disziplin derselben sind zu bekannt, als daß man denken sollte, daß es noch einen Deutschen gelüsten könnte, dort einzutreten. Besser war es immerhin in der holländischen Kolonialtruppe, wo vor dem Krieg etwa 6000 Deutsche standen, die sich durch Annahme eines Handgelds von 200 Gulden auf 6 Jahre verkauft hatten; ihr Tagessold beträgt 16 cents; sie leben meist mit eingeborenen Frauen und sind wenig geachtet, erhalten aber nach 12—15 jähriger Dienstzeit eine kleine Pension. Nach dem Kriege haben nun zahlreiche deutsche Offiziere und Soldaten den Wunsch geäußert, in die Armee neutraler Staaten einzutreten. In der Tat würde auch mancherorts z. B. in Mexico ein solcher Wunsch nicht abgelehnt werden, aber angesichts der klimatischen Verhältnisse muß entschieden davon abgeraten werden. Es wäre ja nichts dagegen zu sagen, wenn etwa Instruktorenstellen in reichlicher Zahl vorhanden wären und der Eintretende mit der Regierung den Vertrag abschließen könnte, daß er nur im gesunden Hochland Verwendung finden solle. Es ist aber daran nicht zu denken, vielmehr wird sich jede Regierung vorbehalten, zum mindesten in Kriegs- oder Revolutionszeiten, ihre Truppen an beliebigen Stellen des Landes einzusetzen, und das bedeutet für den Nordeuropaer vielfach den Dienst im tropischen Tiefland unter schwierigen Umständen, die sehr leicht zu schweren gesundheitlichen Schadigungen fuhren können. Ich möchte daher ganz im allgemeinen vom Kriegsdienst in Tropenlandern abraten. Zahlreich sind auch Anfragen um Verwendung als Fluglehrer oder Flugzeugfuhrer. Wenngleich nicht ganz ausgeschlossen ist, daß da oder dort ein Einzelner in solcher Eigenschaft unterkommen konnte, so kann es sich doch nur um ganz vereinzelte Falle handeln; denn die Armeen der Regierungen tropischer Lander darf man sich keineswegs nach dem Muster unserer ehemaligen deutschen Truppen vorstellen, vielmehr ist ihre Starke, ihre Ausrustung, ihre Disziplin und auch die Qualität der Soldaten größtenteils tief unter unserem einst gewohnten Stand, weshalb auch — was hier gleichfalls hervorgehoben sei. muß — Offiziere und Soldaten bei der Einwohnerschaft keineswegs dasselbe Ansehen genießen wie einst bei uns.

Zivil-Arzte konnen in den Tropenlandern unter Umstanden recht gute Praxis finden; doch ist ihnen, soweit sie ihre Tätigkeit uber den engen Kreis einer Plantage oder einer deutschen Kolonie hinaus auf Landeskinder ausdehnen wollen, die Ablegung des Staatsexamens in der Landessprache vorgeschrieben, was immerhin eine erhebliche Erschwerung bedeutet. Zu bedenken ist ferner, daß die Zahl der einheimischen Ärzte in manchen Landern (z. B. Amerikas) schon sehr groß ist, wodurch naturlich die Aussichten fur fremde Arzte verringert werden. Stellenweise sind die Chancen fur Apotheker und Zahnarzte gunstiger.

Lehrer finden da und dort in hoheren Schulen der Regierungen, in deutschen Schulen oder in Hauslehrerstellen interessante, und zudem oft recht gut bezahlte Beschaftigung. Pfarrer konnen naturgemaß nur in großeren deutschen Gemeinden Anstellung finden.

Fur deutsche Rechtsanwalte ist in fremden Tropenlandern kein Platz, da ihre deutschen Rechtsbegriffe ebenso wie ihre Unkenntnis der einheimischen Klientel ihnen eine erfolgreiche Konkurrenz mit den Kollegen aus der Reihe der Landeskinder nicht gestatten würde. Auch Kunstlern, Schauspielern, Tanzern, Musikern, Malern, Bildhauern eroffnen sich keine guten Aussichten. Wandernde deutsche Artisten mogen da und dort ein bescheidenes Auskommen finden.

Ingenieure sind im Privat- und im Staatsdienst nicht selten anzutreffen und haben in manchen Landern gute Aussichten, desgleichen Uhrmacher, Feinmechaniker, Elektriker, Techniker aller Art, stellenweise auch Schneider.

Dekorateure, Installateure, Bauunternehmer, Optiker, Photographen, Litographen, Molkereibesitzer hatten mancherorts befriedigende Möglichkeiten.

Fur Kaufleute und kaufmannische Angestellte sind die Aussichten im Ausland (als Nachwirkung der systematischen Deutschenhetze und der schwarzen Listen) wenig günstig, da sich ihnen Stellen in feindlichen Häusern nicht eröffnen und auch neutrale Geschäfte noch zurückhaltend sind, andererseits aber die deutschen und deutschfreundlichen Häuser zunächst wieder ihre früheren deutschen Angestellten einstellen müssen, die sie infolge des Kriegs zeitweilig verloren hatten.

Wenn man die vielgestaltigen Anfragen durchmustert, die wegen möglicher Verwendung und Anstellung in fremden Ländern einlaufen, so kann man im allgemeinen wohl sagen, daß fast auf jede derartige Anfrage da oder dort vereinzelt eine bejahende Antwort gegeben werden könnte. An dem Ort wäre ein Schuster, an einem anderen ein Elektriker, an wieder einem anderen ein erfahrener Fleischer oder Bäcker, ein Konditor, ein Müller dringend erwünscht. Aber solche freie Posten sind ganz regellos, bald da, bald dort vorhanden, und wer auf gut Glück in die Tropen fahren wollte, könnte die schwersten Enttäuschungen erleben. Es ist also aufs dringendste von einer Fahrt ins Ungewisse abzuraten.

Im allgemeinen muß festgestellt werden, daß die einzelnen Tropenländer in ihren echt tropischen, d. i. ständig frostfreien Teilen kein Ziel von Masseneinwanderung sein können, daß sie aber viele Einzelpersonen aufzunehmen vermögen. Nur empfiehlt es sich für diese, erst dann in die Tropen auszuwandern, wenn sie durch irgend welche Bekannte an Ort und Stelle eine gewisse Sicherheit des Unterkommens im Voraus haben. Und wer die Absicht hat, in den Tropen eigene größere Betriebe einzurichten, dem ist dringend zu raten, nicht ohne weiteres damit zu beginnen, sondern zunächst eine Anstellung in einem ähnlichen Betrieb zu suchen und erst dann ein eigenes Geschäft anzufangen, wenn er sich in die Landessprache völlig eingelebt hat, wenn er die Wünsche der Bevölkerung gut kennt und die geschäftlichen Gebräuche voll beherrscht; denn nur dann ist die Sicherheit eines Erfolges gegeben.

Masseneinwanderungen könnten für Deutsche nur im Hochland oberhalb etwa 1800 oder mindestens 1200 m ü. M. in Frage kommen: — d. i. in Gegenden, wo Malaria nicht mehr oder wenigstens nicht stark auftritt und wo bereits europäisches Getreide und Obst gebaut werden können. Aber bevor größere Anwanderungsscharen sich nach solchen Gegenden in Bewegung setzen, müssen an Ort und Stelle die nötigen Vorbereitungen getroffen sein: ordnungsmäßiger Landerwerb, der spätere Einsprüche ausschließt, Bau von Straßen und Unterkunftshäusern, nötigenfalls auch Wasserleitungen und Bewässerungsanlagen, Bereitstellung von Saatgut und Arbeitstieren usw. Man sieht, derartige Einwanderung erfordert langwierige Vorbereitungszeit, wenn das Risiko für den Einzelnen auf ein geringes Maß herabgedrückt werden soll, was doch sehr wünschenswert ist.

Ohne die Sicherheit, daß wenigstens die hauptsächlichsten vorbereitenden Arbeiten ausgeführt sind, sollte niemand abreisen, und außerdem sollte keine Siedelung in schlechter Verkehrslage begonnen werden, da sie den Keim des Mißerfolges oder langdauernden bloßen Vegetierens in sich tragen würde.

Manche Regierungen haben Heimstätten zu sehr niedrigem Preis in Aussicht gestellt (z. B. Nicaragua, Honduras). Doch kann nicht geraten werden, darauf einzugehen, so lange nicht genau festgestellt ist, wo die Lage dieser Heimstätten wäre: nur im Hochland und in günstiger Verkehrslage könnte vielleicht daran gedacht werden, von dieser Möglichkeit Gebrauch zu machen, und auch dann erst, wenn für genügende Vorbereitungen Sorge getragen würde. Erkundigungen bei deutschen Landsleuten, die in der betreffenden Republik zu Hause sind, wären notwendig.

Versicherungen von Auswanderungsagenten halte man nie für ausreichend, um den Entschluß zur Auswanderung zu fassen!

Überlegungen erfordert auch der politische Zustand des Landes, in das man sich wenden will. Früher pflegte man die häufigen Revolutionen im lateinischen Amerika als Abschreckungsmittel zu verwenden. In der Tat muß man sehr ernstlich damit rechnen; aber es ist nicht zu verkennen, daß es in den letzten Jahrzehnten wesentlich besser geworden ist, und außerdem pflegt man bei Revolutionen die Landfremden möglichst wenig zu belästigen, so daß man das noch vorhandene Risiko in manchen Ländern wohl auf sich nehmen kann.

7. Winke für Neuanlage ländlicher Siedelungen.

Wer eine neue ländliche Ansiedlung für sich und seine Familie begründen will, der muß sich vor allem darüber klar sein, daß seiner in der ersten Zeit viel Ärger und Unannehmlichkeiten, unter Umständen auch leicht Gesundheitsstörungen harren. All das muß mit Gleichmut ertragen und die freudige Zuversicht auf eine bessere Zukunft aufrecht erhalten werden, weil sonst all das Schwere, was gelegentlich über einen kommt, nicht getragen werden kann.

Wenn jemand genügend Kapital zur Verfügung hat, um eine schon bestehende Farm oder Plantage zu übernehmen, so tut er meist besser daran, sie um einen mäßigen Preis zu erwerben als eine Neuanlage zu machen, weil unvorhergesehene Auslagen und Störungen gewöhnlich auch sorgfältig aufgestellte Rentabilitätsrechnungen illusorisch machen und das Gut, bis es in Ertrag kommt, meist teurer zu stehen kommt, als man sich vorgestellt hatte.

Immerhin kann eine solche Rechnung dem Anfänger wenigstens einen Begriff der Möglichkeiten geben; doch tut man gut daran, sich die vermutliche Entwicklung nicht allzu rosig vorzustellen und eine wesentlich höhere Summe in Aussicht zu nehmen; denn die tropischen Plantagenunternehmen werfen zumeist bei weitem nicht so hohen Nutzen ab, wie man wohl glaubt, und ein Blick in die amtlichen Hypothekenregister könnte jeden Unbefangenen überzeugen, daß bei vielen Unternehmungen nichts weniger als glänzende Geschäfte gemacht werden. Ja man kann mit großer Wahrscheinlichkeit voraussagen, daß Unternehmen, die ganz mit fremdem Geld begonnen und weitergeführt werden, kaum je auf einen grünen Zweig kommen.

In Betracht muß auch gezogen werden, daß unter Umständen die Einführung oder Erhöhung eines Ausfuhrzolles mit einem Schlage alle vorherigen Berechnungen über den Haufen werfen kann u. a. m.

Erste Vorbedingung für das Gedeihen einer Farm oder Plantage ist eine günstige Lage, die gewinnbringenden Abtransport und Verkauf der Erzeugnisse ermöglicht. Freilich wird nur ein gründlicher Kenner des Landes über diese beiden Punkte zufriedenstellende Auskunft geben können; denn je nach den Jahreszeiten ändern sich die Transportmöglichkeiten, je nach dem Stand des Marktes die Absatzmöglichkeiten immer wieder, und wo Verschickung mit eigenen Ochsenkarren oder Maultieren notwendig ist, da verschlingen schon der Ankauf der Weideplätze am Weg, der Lohn der Treiber, die Instandhaltung der Weiden, die Verluste an Arbeitstieren u. a. ganz bedeutende Summen, so daß unter Umständen eine an sich günstig erscheinende Lage sich im Betrieb doch nachträglich als ungünstig herausstellen kann. Bei europäischen Getreide-, Gemüse- und Obstarten, auch manchen tropischen Kulturen (so oft Tabak, Zuckerrohr, Baumwolle, Magueyfasern und Pulque u. s. f.) ist auf inländischen Absatz zu rechnen, während für Kaffee, Tieflandszucker, Cacao, Kautschuk usw. meist an überseeischen Absatz gedacht werden muß.

Nicht minder wichtig als gute Lage ist gesundheitliche Gunst des Orts; denn die Gesundheit ist das höchste Gut, über das der Einwanderer verfügt, und es ist zu bedenken, daß auch die beste Lage den etwaigen Verlust der Gesundheit nicht aufwiegen kann. Man sollte also in Malaria- oder Gelbfiebergegenden mückenreiche Plätze (in der Nähe von Sümpfen, Teichen, stagnierenden Flüssen oder in der Nähe von malariaverseuchten Eingeborenensiedelungen) meiden und möglichst luftige, höher gelegene trockene Stellen, wenigstens für Anlage der Wohn- und Arbeitsgebäude, bevorzugen. Günstig sind oft auch wasserdurchlässige sandige oder kalkige Niederungen, soweit sie den Passatwinden ausgesetzt sind; auch Seebrise ist günstig, während freilich die nächtliche Landbrise gefährlich werden kann, sofern sie vorher über sumpfige Flächen wehte. (Vergl. auch „gesundheitl Ratgeber" S. 49f.)

Als drittes äußerst wichtiges Moment kommt die Versorgung mit einwandfreiem Trinkwasser hinzu (vergl. „gesundheitl. Ratgeber" S. 47 ff.) Quellen erfüllen im gebirgigen Gelände meist die an sie zu stellenden gesundheitlichen Anforderungen und geschlossene Röhrenleitungen bringen das Quellwasser ebenso einwandfrei auch auf größere Entfernungen hin an den Verbrauchsort. Sorgfältiges Sauberhalten der Quellen, Röhren und Brunnen ist selbstverständlich notwendig.

Über Ausnützung des Grundwassers oder artesischen Wassers, über Quellfassung und Brunnenarten gibt W. Salomons kleine Schrift „Über einige im Kriege wichtige Wasserverhältnisse des Bodens und der Gesteine" (München und Berlin, 1916), die jedem Siedler anzuempfehlen ist, genügende Auskunft. Wasser aus Flüssen oder Süßwasserseen ist nach Abkochung unschädlich, und einwandfrei ist sauber gesammeltes Regenwasser in Tonnen, zementierten Zisternen oder — besonders in Erdbebengebieten empfehlenswert! — eisernen Behältnissen. In manchen Gegenden ist das verfügbare Grund- oder Karstwasser bittersalz- oder gypshaltig, so daß es zum Trinken und manchem technischen Gebrauch wenig geeignet ist; da kann dann ebenfalls aufgesammeltes Regenwassser an die Stelle treten.

Für manche Aufbereitungsarten (z. B. Kaffeefermentation und -Waschen) sind ansehnliche Mengen Wasser notwendig; in solchen Fällen muß man bei Anlage der Plantage auch auf genügende Versorgung mit Nutzwasser bedacht bleiben, und wo viel Windbewegung ist, tut man gut, diese Eigenschaft des Ortes zur Anbringung von Windmotoren zu verwenden, die selbsttätig Wasser in das obere Stockwerk heben, von wo aus das Wasser sich überallhin im Haus verteilen läßt.

Selbstverständlich ist, daß bei Wahl des Siedelungsplatzes außerdem darauf Bedacht genommen werden muß, daß Klima und Boden der beabsichtigten Kultur oder sonstigen wirtschaftlichen Beschäftigung entgegenkommen und daß in Fällen, wo die Arbeitskräfte des Siedlers und seiner Familie zum Betrieb nicht ausreichen, in nicht zu großer Entfernung genügende Arbeitskräfte zur Verfügung stehen; denn wie oft sind gewisse Unternehmungen aus Mangel an der nötigen Arbeiterzahl niemals über einen kümmerlichen Kleinbetrieb hinausgekommen! Vom Boden sollte man an verschiedenen Stellen der geplanten Anlage Proben entnehmen und sie entweder selbst untersuchen, wofür H. Semler in seiner Tropischen Agricultur (2. Aufl. Wismar 1900, 1. Bd.) eine gute Anweisung gegeben hat, oder aber sie zu Hause durch einen Agrikultur-Chemiker untersuchen lassen. Die Höhenlage kann man selbst mittelst eines Aneroidbarometers bestimmen

(Landes- und sachkundige Einheimische können übrigens oft aus dem Vorkommen gewisser Gewächse auf die wichtigsten Eigenschaften des Klimas und Bodens schließen.)

Der Neuling muß sich hüten, seine aus Europa mitgebrachten Anschauungen unmittelbar auf die Tropenwelt übertragen zu wollen; denn damit könnte er sich schweren Enttäuschungen aussetzen. Als z. B. deutschrussische Bauern im Grasland der brasilianischen Hochflächen innerhalb der Tropen Getreide bauen wollten wie in ihrer heimatlichen Steppe, mißlang der Versuch völlig, und man wird gut tun, sich zu vergegenwärtigen, daß reine Grasflur innerhalb der Tropen gewöhnlich sich für Getreidebau nicht eignet, es sei denn, daß das Fehlen des Baumwuchses sich aus überaus großer Wasser-Durchlässigkeit des Bodens erklärte, wie bei den vulkanischen Lockerböden. In periodisch feuchten Gegenden muß man sich das erwählte Stück Land mindestens einmal in der Regen- und einmal in der Trockenzeit angesehen haben, um sich ein richtiges Urteil über dasselbe bilden zu können.

Wie reine Grasflur (Steppe) sich in den meisten Fällen nicht für Ackerbau eignet, so auch nicht Steppe mit eingestreuten anspruchslosen Bäumen (wie Schirmakazien in Afrika, Kiefern in Mittelamerika usw). Im Savannengebiet kann man dagegen meist an der Stelle ehemaliger Waldflecken mit guter Aussicht auf Erfolg Ackerbau treiben, nicht minder aber auch in den lichten Eichenhainen, die in Mexico und Mittelamerika so weit verbreitet sind. Waldland, (gleichviel ob es sich um ständig feuchte Urwälder oder um periodisch feuchte Wälder mit regelmäßigem Laubfall handelt), ist im allgemeinen immer für Ackerbau geeignet. In vielen Gegenden deutet auch Buschland Eignung zum Ackerbau an, während es anderwärts (wie in Australien der Scrub) wieder unfruchtbare Strecken anzeigt. Man erkennt aus diesen Andeutungen man muß entweder selbst orts- und sachkundig sein, um geeignetes Farm- oder Plantagenland aussuchen zu können, oder man muß einen zuverlässigen, tüchtigen einheimischen Kenner zur Beratung beiziehen, wenn man an die Wahl der Anbauflächen in ganz unentwickelten Gegenden gehen will.

Hat man über den Ort der künftigen Farm oder Plantage eine Entscheidung getroffen, so gilt es, sich den Besitz des Landstücks und seiner Grenzen zu sichern. Dafür ist unbedingt der Rat orts- und sachkundiger Männer notwendig; denn die Grundbuchverhältnisse liegen in manchen tropischen Ländern, namentlich Amerikas, ziemlich im Argen, und die Grenzstreitigkeiten mit Nachbarn gehören in manchen Gegenden zu den häufigen Vorkommnissen. Letzteres kommt großenteils daher, daß die staatlichen Vermesser in manchen Ländern aus Unkenntnis oder aus Nachlässigkeit die Grenzpfähle an irrigen Stellen aufstellen und die

Linien unrichtig abmessen. Es empfiehlt sich daher, sich die Grundbegriffe der Feldmeßkunst anzueignen und die Vermessungen persönlich zu überwachen.

Mit dem Beginn der Besitzergreifung, oder noch besser vorher, muß bereits an die Erbauung eines geeigneten *Wohnhauses* geschritten werden, wobei eine freie, den Winden offene (gegebenen Falls aber auch vor Winden geschützte) Lage fern von Eingeborenenhütten ausgewählt werden möge. Da zum Bau des endgültigen Hauses bei dem Mangel an geeigneten Arbeitskräften meist längere Zeit notwendig ist (sofern nicht die Materialien eines fertigen Bretterhauses eingeführt und alsbald zusammengestellt werden können, wie das an Küstenplätzen oft möglich ist), so begnügt man sich meist zunächst mit einer provisorischen Unterkunft. d. i. *einer Hütte nach Art der Eingeborenen*, gewöhnlich von diesen selbst in kurzer Zeit ausgeführt. Man kann den Eingeborenen die Konstruktion solcher interimistischer Häuser in Ruhe überlassen, wenn sie sie in altgewohnter Weise durchführen dürfen; nur Maaße und Zimmereinteilung müssen natürlich angegeben werden. Wichtig ist auch, *daß der Bau nicht während der Regenzeit vor sich gehe*, denn in diesem Fall bleibt die Erde, die meist festgestampft den Fußboden bilden muß, monatelang naß und tränkt das Innere des Hauses stets so mit Luftfeuchtigkeit, daß das Schuhwerk von einem Tag zum andern schimmelt, daß naßgewordene Kleider nur über dem Feuer trocken zu bekommen sind, daß alle Zündhölzer versagen, wenn sie nicht in Glasgefäßen mit eingeschliffnem Glaspfropfen aufbewahrt werden u. s. f. Daß ein solcher Aufenthalt der Gesundheit nicht zuträglich sein kann, ist begreiflich und wenn auch ein provisorischer Holzfußboden das Übel herabmindert, so vermag er es doch nicht ganz aufzuheben. Ungünstig ist auch, daß die in den nassen Boden eingerammten Holzpfosten rasch faulen und damit das Haus bald baufällig wird. Baut man es aber in der Trockenzeit, wenn der Boden gut ausgetrocknet ist, so treten die erwähnten Nachteile nicht oder nur wenig hervor, da ja das Dach und ein auf der gefährdeten Seite um das Haus gezogener Wassergraben das Naßwerden des Bodens verhindert.

Besser als eine Hütte in Eingeborenenart ist schon ein *Holzhäuschen*, das man aus leichten Hölzern blockhausartig erbaut; dasselbe wird am besten auf Pfähle gestellt, so daß der Fußboden der Zimmer und der Veranda 3 bis 4 Fuß über dem Erdboden liegt. Man erhält so eine durchaus gesunde Wohnstätte und hat außerdem den Vorteil, nicht auf Ebenheit des Untergrundes Rücksicht nehmen zu müssen. Der einzige Nachteil ist die große Feuergefährlichkeit, die man durch vorsichtiges Gebahren bekämpfen muß.

Ob man bei Erbauung *des definitiven Wohnhauses* sich für ein Stein-, Luftziegel- (Adobe) oder Bretterhaus entschließt, dafür muß zunächst die Materialfrage den Ausschlag geben; aber daneben mussen auch die besonderen Naturverhaltnisse der Gegend in Rechnung gesetzt werden: in sehr feuchten, termitenfreien Gegenden entsprechen *Bretterhauser* mit hochliegenden Fußboden und mit Veranden ringsum oder wenigstens auf der Nord- und Sudseite am besten den gesundheitlichen Anforderungen; jedoch muß durch eine Bretterlage eine Isolierschicht zwischen Dach und Wohnraum geschaffen werden, weil es sonst bei Tag im Innern sehr heiß und bei Nacht empfindlich kuhl werden kann, namentlich dann, wenn das Dach aus Wellblech hergestellt ist. Bretterhauser sind in Bebengegenden besonders angebracht; wo aber vulkanische Explosivausbruche drohen, da gilt es ein steiles Dach zu errichten, da an einem solchen fallende Asche selbsttatig abrutscht. Das Dach laßt man am besten uberall weit vorragen, um die Bretterwande und Holzpfeiler moglichst gegen Sonnenbestrahlung und Regen und damit auch gegen das Verfaulen zu schutzen. Wo Termiten lastig werden, vergiftet man sie mit Calomel oder einem anderen Quecksilbersalz: das Gift wird dadurch, daß die Termiten ihre Toten großenteils wieder selbst verzehren, den ubrigen Mitgliedern der Termitenkolonie allmahlig mitgeteilt, so daß sie samt und sonders von einer kleinen Dosis vernichtet werden können.

Wellblechhauser sind wegen allzustarker Erhitzung bei Tag und zu starker Abkuhlung bei Nacht unertraglich, wenn nicht oben und an den Seiten durch Bretterlagen Isolierräume geschaffen werden; mit Isolierraumen geben sie aber immerhin noch eine ertragliche Wohnstatte ab. Ölfarbenanstrich gibt Holz und Wellblech eine langere Lebensdauer.

In trockenheißen Gebieten sind *Steinhauser mit Ziegeldächern* am angenehmsten, weil sie die Innenraume verhaltnismaßig kuhl erhalten. Auch *Adobe- (Luftziegel-)Häuser* sind dort wohl am Platz, während in den feuchten Gebieten sich in Adoberaumen, die nicht ununterbrochen geluftet werden, ein dumpfer Geruch zu entwickeln pflegt. In Erdbebengegenden bieten *Fachwerkbauten* bessere Sicherheiten als reine Stein- oder Luftziegelbauten.

Die *Innenraume* mussen sauber gehalten und gut ventilierbar sein; sie werden am besten hell gestrichen. Über weitere Vorschriften betr. Kuche, Klosett u. s. f. siehe „Gesundheitl Ratgeber" S. 49 f u. 35 f. Mullgruben, Wassertumpel, unubersichtliche Buschdickichte soll man nicht in der Nahe der Wohnung dulden. Sehr wunschenswert ist ein *Badezimmer* (mindestens Brausebad, noch besser Wannenbad) im Haus oder in dessen Nähe. Man achte aber auf besonders sorgfaltigen Abschluß der Abwasseroffnung des Badezimmers, da durch dieselbe sich verhaltnismaßig leicht Schlangen ins Haus einschleichen.

Maschinen- und andere Nebengebaude, Trockenplatze und dergl. mehr legt man am besten in nachster Nahe des Wohnhauses an. Wichtig ist aber, sich schon vor der Ausfuhrung der Bauten einen genauen Plan über die künftige Aufstellung der einzelnen Maschinen, über Zu- und Ablauf des Wassers und sonstige Einrichtungen zu machen, um nicht nachträglich gleich wieder Änderungen an den Bauten vornehmen zu müssen, und um das Haus weder zu groß noch zu klein anzulegen. Sehr notwendig ist außerdem die frühzeitige Überlegung, ob der Zustand der vorhandenen Wege und Brücken ev. den Transport von Dampfkesseln, Lokomobilen oder anderen schweren Maschinen gestattet. Eine sehr wichtige Frage ist ferner in Betrieben, wo Maschinen notwendig sind, das Problem der treibenden Kraft: Wind, Dampf, Wasser oder animalische Kraft?

Windmühlen trifft man noch vielfach auf den englischen Kleinen Antillen zum Betrieb von Zuckerrohrpressen. Doch wird bei solchem Betrieb der Zuckerrohrsaft nicht genügend ausgepreßt, so daß starke Zuckerverluste eintreten, die bei Einstellung einer kräftigen Dampfmaschine zu vermeiden wären. In sehr vielen Tropengegenden mangelt es auch an ausreichender Windbewegung. *Dampfkraft* kommt in holzreichen Gegenden nicht allzu teuer zu stehen; doch pflegten Anschaffung, Transport und Aufstellung der Dampfmaschine mit großen Kosten verbunden zu sein, und der Betrieb ist ebenfalls teuer, wenn man einen besonderen weißen Maschinisten anstellen muß. Wenn man selbst aber tüchtig im Maschinenführen ist, so kann man auch wohl einen zuverlässigen Eingeborenen anlernen und wird mit ihm bei genügender Überwachung häufig recht gute Erfahrungen machen können. Empfehlenswert ist, daß in größeren Betrieben beim Fehlen eines gelernten weißen Maschinisten der Verwalter oder Besitzer selbst vom Schlossern, Schmieden, Schweißen usw. soviel verstehe, daß er im Notfall kleinere Reparaturen selbst ausführen kann.

Wer eine *Wasserkraft* zur Verfügung hat, wird sie selbstverständlich ausnutzen, wenn ihre Verwendung ohne allzu große Kosten möglich ist. Natürlich muß man verstehen, Wasser zu messen und die erreichbare Kraft wenigstens roh zu berechnen; dann kann man sein eigenes Wasserrad konstruieren oder von auswärts eine geeignete Turbine, ein Pelton Wheel oder dergl. bestellen, und es empfiehlt sich, das bald zu tun, damit man die Kraft schon zum Sägen der zum Bau des Wohnhauses nötigen Bretter verwerten kann und nicht auf das langsame und daher auch kostspielige Schneiden mit der Handsäge angewiesen ist. (Ponysägen sind freilich schon leistungsfähiger, aber nicht leicht an Ort und Stelle zu bekommen.) Ob man dann besser eine Gatter- oder eine Kreissäge nimmt, hängt wieder von der Art des Motors und der zur Verfügung stehenden Kraft ab. Angenehm ist es, wenn man zur Säge gleich eine Hobelmaschine mitbestellen kann.

Wer auf seinem Farmbetrieb keine größere Maschinerie braucht, kann sich mit einem durch Ochsen oder Esel zu treibenden *Göpel* begnügen. Für manche kleine Maschine genügt auch *mensch-*

liche Triebkraft mit Hand, oder auch ein Tretrad von 4—5 m Durchmesser, das man durch einen darin gehenden Eingeborenenjungen bewegen laßt (z. B. fur Kaffeepulper).

Es empfiehlt sich, fruhzeitig an den Wegbau zu gehen, um Anschluß an die wichtigeren nahergelegenen Straßen und Stadte zu gewinnen. In den meisten Fallen wird man sich genugen lassen mussen, mit Hacke und Schaufel einen Reitweg anzulegen, was in gebirgigem Gelande und in Urwaldgegenden schon an die Leistungsfahigkeit des einzelnen Farmers oder Pflanzers oder auch kleinerer Vereinigungen solcher außerordentlich hohe Anforderungen stellt. Fahrwege konnen fur sie eigentlich nur in Grasland und ebenem Gelande in Frage kommen, da sonst die Anlage allzu viele Arbeitskrafte und Kapitalien verschlingen durfte; nur die Regierung oder großere Genossenschaften vermogen in waldigem Gelande und im Gebirge Fahrstraßen zu bauen und zweckentsprechend im Stand zu halten.

Auch bei Reitwegen empfiehlt es sich, starke Steigungen zu vermeiden; der Wegbauer soll naturlich mit einfachen Nivellierinstrumenten umgehen können. Manchmal wird er freilich zuweilen von der theoretisch richtigen Trace abgehen und etwas starkere Steigungen oder kleine Umwege zugeben müssen, wenn nämlich sonst kostspielige und langwierige Sprengungen notig wurden. Sprengungen mussen der Kosten wegen möglichst eingeschrankt werden; in manchen Ländern erschwert auch die Regierung die Lieferung von Dynamit, ja selbst von Pulver. In solchen Fallen muß man dann eben mit ganz primitiven Sprengmethoden arbeiten: Anzünden großer Holzstöße über dem betreffenden Felsen und nachheriges Übergießen des heiß gewordenen Steins mit kaltem Wasser, oder aber Eintreiben starker Holzkeile, die man nachher mit heißem Wasser trankt. Freilich helfen diese Verfahren nur bei kleineren Hindernissen.

Bei der geringen Breite der Reitwege pflegt man von einer konvex gewolbten Form des Querschnitts, wie er fur Fahrwege notwendig ist, abzusehen; man ermöglicht den Wasserablauf dadurch, daß man dem Weg eine flache Neigung nach der abfallenden Seite des Gelandes zu gibt und den Ablauf durch schrag abwarts gelegte, mit Pfosten befestigte Hölzer beschleunigt; oder aber man gibt dem Weg eine Neigung nach der Bergseite zu und führt dann alle 100 bis 200 m eine mit Steinen ausgelegte Rinne schrag abwarts uber die Straße. Die Umgebung des Weges sollte möglichst frei von Bäumen oder hohem Busch gehalten werden, damit der Sonne, dem Hauptstraßenbaumeister der Tropen, Zutritt zum Wege gegeben werde und die Austrocknung möglichst beschleunigt werden konne; denn die Erfahrung zeigt, daß da, wo uberhängende Baume den Weg beschatten, langdauernde Schmutzlachen sich bilden, die selbst in der Trockenzeit nur langsam verschwinden. Aus diesem Grunde müssen auch in Urwaldgegenden womöglich Lichtungen zu beiden Seiten des Wegs geschlagen werden. Lebende Baume pflanzt man hochstens an steilen Berglehnen mit Vorteil neben den Weg, weil sie hier das Abrutschen des Weges verhindern helfen.

Die Anwendung von Wegehobeln, von Schabern, von Pflugen zum Ausheben der Graben und anderer moderner Wegbauhilfsmittel ist in den Tropen nur selten möglich.

Gegen das Abwaschen der Wege durch die heftigen Platzregen gibt es leider kein wirksames Mittel; das Ansaen von niederwuchsigem Gras, wie es stellenweise geschieht (Melanesien), hilft nur im Fall sehr geringen Verkehrs.

Wo Bruckenbau notwendig ist, beschränkt man sich auf den Bau primitiver Holzbrücken (fur Fußwege ev. Hangebrucken).

Wo Termiten, periodische Brände oder schnelles Faulen Holz als Material ausschließen, helfen Driften, d. h. möglichst wasserdurchlassige Steindämme, die nur so hoch sein durfen, daß das Hochwasser, soweit es nicht durch die Quadern abfließt, den Damm nicht mehr als $^1/_2$ bis $^3/_4$ m unter Wasser setzt, so daß er fur Menschen und Wagen passierbar bleibt.

Neben den genannten Arbeiten, denen bei gewissen Baum-Kulturen (Kaffee, Cacao, Cocospalmen, Kautschukbäumen usw.) die Anlage von Pflanzschulen beigesellt werden muß, muß aber die wichtigste Arbeit, die der Rodung, mit allem Eifer betrieben werden; denn sie schafft ja erst die Moglichkeit, die zum Lebensunterhalt notwendigen bezw. zur Ausfuhr bestimmten Kulturpflanzen anzubauen. Auch mussen in Urwaldgegenden die Weideflachen fur die Arbeitstiere erst durch mühsame Rodung und Besaung mit Grassamen gewonnen werden.

Die offenen Landschaften (Strauch- und Buschflächen oder lichte hainartige Walder) sind im allgemeinen, soweit sie ihrer Bodenbeschaffenheit nach sich für Ackerbau eignen, leichter zu roden, als die immer- oder die periodisch feuchten Urwalder. Auf manchen lockeren (vulkanischen) Bodenarten kann, wenn der Graswuchs nicht zu dicht und die Wurzeln nicht zu sehr verfilzt sind, unmittelbar, wenn auch mit großer Schwierigkeit gepflugt werden, nachdem die Erde zuerst mit einem Grubhaken aufgerissen worden ist; jedoch ist ein solcher Fall sehr selten und meist scheut man sich uberhaupt, wie schon erwahnt, naturliches Grasland in Ackerland umzuwandeln. Stellenweise sind auch die Graswurzeln so lang und zah, daß die Eingeborenen der Südsee in ihren Alang-Alangfluren beim Umarbeiten des Bodens sie mit den Handen aussuchen, um spatere Überwucherung der Feldfruchte zu verhindern. Im Übrigen genugt Abbrennen der Grasflur in der Trockenzeit, um eine gewisse, allerdings sehr bescheidene Rodung zu bewirken. Wo Büsche oder Bäume stehen, müssen sie natürlich abgeschlagen oder durch Ringeln zum Absterben gebracht und nach dem Trocknen abgebrannt werden, soweit man sie nicht als Nutzholz vorher bei Seite schafft. Das Abbrennen muß sorgfältigst überwacht, in Prärien nötigenfalls durch Gegenfeuer auf engere Räume eingeschränkt werden. In gebirgigen Gegenden trockenen Klimas legt man das Feuer oben am Berghang an und läßt es langsam abwärtsbrennen, da es in umgekehrter Richtung von unten nach oben brennend leicht so mächtig werden könnte, daß man schließlich nicht mehr im Stande wäre, es auf die gewünschte Fläche zu beschränken.

Die Bodenbearbeitung kann erst nach Eintritt der Regenzeit beginnen, da nun erst der Boden genügend aufweicht.

Immerfeuchte und periodisch feuchte Wälder bieten der Rodung andere Schwierigkeiten. Meist pflegt man zuerst mit Buschmessern das Unterholz und die kleinen Bäumchen niederzuschlagen, dann werden die großen Bäume mit Äxten ein wenig über das Herz hinaus (also etwas über die Mitte) durchgeschlagen, und schließlich fällt man — im Gebirgsland an einer hochgelegenen Stelle — einen besonders großen Baum völlig, der nun im Sturz seine Nachbarn mitreißt, während diese wieder, da ihre Kronen durch Lianen mit Nachbarkronen verbunden sind, nach und nach die Bäume in weitem Umkreis nach sich ziehen, so daß mit gewaltigem Krachen binnen kürzester Zeit das ganze behandelte Waldstück zu Boden sinkt. (Nach diesem „Lawinensystem" wird z. B. auf Ceylon, den Sundainseln, im tropischen Amerika entwaldet.) Freilich würden die mit großen Brettwurzeln versehenen Urwaldbäume wie Anker Teile ihrer Umgebung vor dem Sturz sichern, wenn sie nicht zuvor mit Hilfe von Gerüsten oberhalb der Brett- oder Plankenwurzeln durchschnitten worden wären. (Nur in der Nähe der künftigen Wohn- und Maschinengebäude läßt man wohl einen oder mehrere solcher Riesenbäume stehen, damit sie später als Blitzableiter dienen.)

Wenn der Wald niedergelegt ist, was immer unmittelbar vor Beginn der trockenen Periode geschehen muß, so läßt man das Holz austrocknen, soweit das möglich ist, und brennt dann ab, und zwar an feuchten Gebirgshängen von unten nach oben.

Im Sinn rationeller Landwirtschaft ist das Abbrennen nicht, aber die Methode arbeitet so rasch und gründlich, daß man die Nachteile (Beschädigung des Bodens, Verwüstung von Holzvorräten usw.) am besten in Kauf nimmt, umsomehr, als auch manche wichtige Vorteile (z. B. Unkraut- und Schädlingsvertilgung) hinzutreten. Da beim Abbrennen die Funken oft weit wegfliegen, so pflegen vorsichtige Eingeborene mit nassen Lumpen oder Besen auf den Blätterdächern benachbarter Hütten zu sitzen, um ev. Brände im ersten Keime zu ersticken.

Für Baumpflanzungen und den niederen Feldbau der meisten Eingeborenen (Pflanzstock-, Grabstock-, Hackbau) genügt das Abbrennen in Verbindung mit dem Aufräumen des zurückgebliebenen unverbrannten Holzwerks, um spätere Anpflanzung zu ermöglichen; denn die Baumstümpfe werfen nicht so viel Schatten, daß es erheblich schaden würde, und wenn hernach die gepflanzten Bäume stellenweise nicht ganz genau in Reihen stehen, so ist das ja nicht von größerem Belang.

Soll aber später gepflügt werden, wie es bei Zuckerrohrpflanzungen oder Getreidefeldern notwendig ist, so müssen auch die Wurzelstöcke und Baumreste sowie größere Steine sorgfältig entfernt werden. Das erfordert aber noch gewaltige Arbeit, wenn man sich auch in vielen Ländern das Wurzelstockentfernen durch Sprengen mit Dynamit wesentlich erleichtern kann! Für den Farmer des Hochlandes empfiehlt es sich daher, auf frisch gerodeten Flächen zunächst Mais, Bohnen, Hirse, Taro oder andere Feldfrüchte nach Eingeborenenmanier zu bauen und erst nach einigen Jahren, wenn die Wurzelstöcke verrottet sind, den Pflug in Anwendung zu bringen und europäisches Getreide anzubauen. Bei Zuckerrohrfeldern wäre freilich ein solches Verfahren nicht möglich, weil es den endgültigen Anbau zu lange verzögern würde; aber es werden Zuckerrohrfelder auch selten in besonders regenreichen Gegenden angelegt, weil das Zuckerrohr in ihnen geringeren Zuckergehalt und viel Wasser zu enthalten pflegt, der Betrieb also minder rentabel wird als in den trockenen Gegenden offener Landschaften.

Von besonderer Bedeutung ist in manchen Gegenden Entwässerung, in anderen Bewässerung. Es empfiehlt sich dringend, schon in der Heimat, namentlich aber im neuen Adoptivvaterland, die entsprechenden Methoden zu studieren, damit man gegebenenfalls die nötigen Maßnahmen treffen kann. Entwässerung wird in den meisten Fällen nur durch offene Gräben bewerkstelligt werden können, und wo Bewässerung notwendig wird, muß man meist darauf sehen, an ein bereits bestehendes Bewässerungssystem angeschlossen zu werden (was bei der Wahl der Lage schon in Rücksicht genommen sein muß!), sofern man nicht in gebirgigem Gelände kleinere Anlagen selbst herstellen kann.

Es kann hier nicht daran gedacht werden, auch nur die wichtigsten Anbau- und Aufbereitungsmethoden tropischer Kulturgewächse zu besprechen. Das Wesentliche darüber wird man am besten an Ort und Stelle lernen, und zur Ergänzung geben die Handbücher tropischer Agrikultur von H. Semler, F. Wohltmann, Fesca zahlreiche wichtige Angaben. Auch über die Düngungsfrage, die sehr bedeutsam ist, kann hier nicht gesprochen werden, ebensowenig über die bestmöglichen Arten der Einzäunung (Stacheldraht, lebende Hecken usw.). Nur einiges Wenige sei noch kurz erwähnt, was sonst vielleicht nicht ohne Weiteres in Rechnung gezogen würde.

Beim Urbarmachen schone man in der Nähe der Häuser einen größeren Waldkomplex, um immer genügend Brenn- und

Nutzholz nahe zur Hand zu haben. Auch sorge man im Interesse der Wasserführung der Bäche und der Vermeidung gefährlicher Rutschungen für Erhaltung des Waldes an Steilhängen, auf Berggipfeln, sowie auf Fels- oder Sumpfflächen, die keinen Anbau zulassen, desgleichen an den Ufern der Bäche und Flüsse. Wo windempfindliche Kulturen in Aussicht genommen sind, tut man gut, Waldstreifen auch als Windbrecher stehen zu lassen. Dagegen pflanzt man etwa notwendig werdende Schattenbäume am besten erst mit den jungen Kulturpflanzen aus, weil stehengelassene alte Waldbäume meist allzu dichten Schatten werfen und mit ihren weit ausgreifenden seichten Wurzeln dem Gedeihen der Kulturgewächse leicht hinderlich werden.

Wichtig ist auch, bei Anlage von Baumpflanzungen an steilen Berghängen das Problem des Erdabschwemmens durch die schweren Platzregen im Auge zu behalten: die Regenmassen bringen nach der ersten Reinigung und Auflockerung des Bodens mit der Hacke ganze Ströme von Erdreich zu Tal und würden allmählich die ganze lockere Erde entführen, wenn nicht durch geeignete Maßnahmen (Reihenpflanzung und Unkrautaufhäufung in horizontalem Sinn am Berghang hin) das Abschwemmen herabgemindert wird.

Wichtig ist außerdem, beim Anschaffen von Werkzeugen aller Art darauf zu sehen, daß sie von allerbestem Material, also recht dauerhaft seien. Reparaturen sind ja sehr teuer, Ersatz erst recht und beide benötigen oft lange Zeit, so daß arge Verzögerungen wichtiger Arbeiten eintreten können.

8. Arbeiterverhältnisse.

In den inneren Tropen kann der Deutsche mit seiner Familie nur im Hochland harte Arbeit leisten; in mittleren Höhenlagen zwischen c. 1200—1800 m ist es noch manchem im Notfall möglich; in tieferen Lagen bis zum Meeresspiegel herab muß aber, obgleich einzelne schon oben erwähnte Ausnahmen festgestellt sind, im allgemeinen doch körperliche Arbeit im Freien sowie auch der größte Teil harter Arbeit im Innern der Häuser unbedingt den farbigen Einheimischen überlassen werden. (Alle Versuche, nordeuropäische Weiße als Arbeiter im tropischen Tiefland zu verwenden, sind gescheitert, und wenn dem deutschen Auswanderer Anerbieten für solche Arbeitsstellen gemacht werden, so verhalte er sich durchaus ablehnend!) Die Höhenstufe unterhalb 1800 m ist vor allem im Stande, Erzeugnisse zu liefern, die in den gemäßigten Zonen nicht hervorgebracht werden können; sie ist also die Trägerin des Austuhrhandels, während die Hochlandregionen wirtschatliche Konkurrenten der gemäßigten Zonen darstellen und verhaltnismaßig wenig zur Ausfuhr nach den Landern der mittleren Breiten beitragen. Da nun weitaus der großte Teil der vorhandenen Landflache tropischer und tropennaher Gebiete dem untersten Hohengurtel zugehört, so bedeutet das, daß im großten Teil der Flache warmer Lander der Nordeuropaer, also auch der Deutsche, nur durch Vermittlung farbiger Einwohner schwerere Arbeit ausfuhren kann. Damit ergibt sich, daß die Tropen ohne farbige Einwohner wirtschaftlich gar nicht entwickelt werden konnten, und wahrend der nordeuropaische Einwanderer sich im tropischen Hochland auf eigene Fuße stellen kann, ist er in den tieferen Höhenlagen im Grunde ganz auf den farbigen Arbeiter angewiesen.

Die Frage, wie diese Arbeiter zu gewinnen sind, ist für den europaischen Unternehmer daher von geradezu fundamentaler Bedeutung, und wenn ein unvoreingenommenes Urteil zugeben muß, daß die Tropen gegenuber den gemaßigten Zonen wirtschaftlich stark im Ruckstand sind, so ist der Grund neben der erst kurzen Entwicklung des tropischen Wirtschaftslebens vor allem in der Schwierigkeit der Arbeiterbeschaffung zu suchen. Fragen wir uns aber nach den Ursachen dieser Schwierigkeit, so fallt uns auf, daß eine ganze Reihe von Momenten hier zusammenwirkt.

An erster Stelle sind die verhaltnismaßig große Leichtigkeit der Ernahrung und ausreichenden Bekleidung, kurzum die Bedurfnislosigkeit der Tropenbewohner und die daraus folgende geringe Arbeitslust, das Fehlen wirtschaftlicher Notlagen und die geringe Entwicklung der Energie zu nennen. Bemerkt sei jedoch, daß gewisse Rassen und Volker von Natur aus sich durch geringen Arbeitstrieb besonders auszeichnen, und man darf wohl die Schwarzen als die Menschengruppe betrachten, die in dieser Hinsicht die übrigen ubertrifft.

An zweiter Stelle ware aber auch die geringe Volksdichte der meisten Tropenlander hervorzuheben. Sie bewirkt naturlich ein niedriges Arbeitsangebot in den dunnbevölkerten Landern, wahrend in den dicht bevölkerten Gebieten (Indien, Sudchina Kleine Antillen) naturgemaß auch das Arbeitsangebot weit großer und damit die Moglichkeit eines intensiveren Wirtschaftslebens gegeben ist. Wo aber die Lander sehr dunn bevolkert sind, da kann auch der energischste Europaer nur wenig erreichen, weil ihm die Arbeiter fehlen, die die notige Arbeit tun konnten. Solche Landstrecken sind demnach wirtschaftlich noch fast tote Massen, wenn es nicht gelingt, Arbeiter von auswarts dorthin zu schaffen.

Wichtig ist ferner neben vielen anderen Ursachen auch die Art der Auffassung und Verteilung des Besitzes. In vielen Tropengegenden ist das Land noch Kollektiveigentum des ganzen Stammes, und zudem bestehen vielfach Einrichtungen, die auf die Versorgung wirtschaftlich notleidender Stammesmitglieder hinauslaufen; Individualeigentum gibt es oft nur hinsichtlich der Gebrauchsgegenstände, während Genußmittel vielfach wieder zu Gemeineigentum der Sippe werden: der von Einzelnen erworbene Tabak wird z. B. in der Südsee vielfach von der ganzen Sippe zusammengeraucht, die in langer Dienstzeit von Kontraktarbeitern erworbenen europäischen Kleidungsstücke von Verwandten beansprucht, so daß der Arbeiter schließlich — außer seinem erhöhten persönlichen Ansehen — nur wenig Nutzen von seiner Arbeitsleistung behält. Die Vorteile des Dienstes bei fremden Herren sind also verhältnismäßig gering und damit auch der Anreiz dazu, soweit nicht Reise- und Abenteuerlust ein Gegengewicht schaffen.

Wo individuelles Eigentum schon allgemein durchgeführt ist, wie bei der Mischlingsbevölkerung Mittel- und Südamerikas, da hängen die besonderen Arbeiterverhältnisse doch auch noch vielfach von der Art der Eigentumsverteilung ab. Wo Kleingrundbesitz vorherrscht, die einzelnen Kleingüter aber zur Ernährung des Besitzers und seiner Familie nicht ganz ausreichen, da suchen und finden die männlichen Familienmitglieder vielfach Arbeit auf den Pflanzungen oder Viehzüchtereien der größeren Besitzer, oder sie stellen sich als Maultiertreiber, Ochsenwagenführer und dergl., oft mit eigenen Tieren, dem Transportwesen ihres Landes zur Verfügung als Lohn-Verfrachter u. s. f. (Costarica, Salvador). Wo aber Großgrundbesitz vorherrscht, wie in Guatemala, Mexico und manchen südamerikanischen Ländern, da wohnt ein großer Teil der Eingeborenen und Mischlinge in einer gewissen wirtschaftlichen Abhängigkeit auf den großen Gütern, denen sie als Arbeiter oder Teilproduzenten dienen; für die Allgemeinheit stehen dieselben aber nicht oder nur mit einem kleinen Teil ihrer Arbeitskraft zur Verfügung, weshalb in solchen Gegenden oft rechte Arbeiternot außerhalb der zum Teil schon auf Schenkungen des 16. Jahrhunderts — „Encomiendas" — zurückgehenden Großgüter entstehen kann.

Da nun in einzelnen Tropenländern sehr dünnbevölkerte und arbeiterarme Gebiete neben dichterbevölkerten vorhanden sind, so begreift man, daß die dichtbevölkerten Teile vielfach Arbeiter an die dünnbevölkerten abgeben. Diese Tatsache birgt freilich den Nachteil in sich, daß die betreffenden Arbeiter für die Dauer ihrer Arbeitsleistung ihrer Familie entrückt sind. Das gibt vielfach zu Heimweh und mancherlei Mißständen Anlaß, aber bei genügender Rücksichtnahme und obrigkeitlich durchgeführter Kontrolle pflegt es gesundheitlich nicht Schaden zu bringen, wenn die klimatischen Verhältnisse und Lebensbedingungen der Heimat und der Arbeitsstätte gleichartig und die Dauer der Trennung nicht zu lange ist. Allzu große klimatische Verschiedenheit der beiden Orte oder zu lange zeitliche

Trennung können dagegen einen höchst ungünstigen Einfluß auf Gesundheit und Leben der Einzelnen, auf die Volksvermehrung und damit auch auf die Individuenzahl des ganzen Volkes gewinnen.

Wenn sich ein Europäer irgendwo in einem Tropenlande ansiedelt und Arbeiter für seinen Haushalt, seine Plantage, sein kaufmännisches, gewerbliches oder Verkehrsunternehmen nötig hat, so wird er natürlich zunächst versuchen, dieselben in der Nähe seines Wohnplatzes zu gewinnen. Es gelingt ihm oft, namentlich wenn schon vor ihm mehr oder weniger lang europäische Betriebe in der Gegend tätig gewesen sind, das nötige männliche und weibliche Dienstpersonal gegen bestimmten Lohn in seine Dienste zu nehmen — als freie Arbeiter wie bei uns. Die Höhe des Lohnes ist außerordentlich verschieden; stellenweise (Holländisch- und Britisch-Indien, Teile des lateinischen Amerika) sehr niedrig, anderwärts aber recht hoch. Die Arbeitskontrakte (sehr oft nur mündlich abgemacht), Zahlungsbedingungen und dergl. sind außerordentlich mannigfaltig.

Sehr verbreitet ist in Amerika ein Arbeitergewinnungssystem, das man unter dem Namen der Peonage (Schuldsklaverei) versteht. Wenn ein Eingeborener oder Mischling Lust nach irgend einem Gegenstand oder zur Teilnahme an einem Gelage u. s. f. empfindet, so kann er bei einem Arbeitgeber sich Vorschüsse geben lassen, die er durch persönliche Arbeit abzuverdienen sich verpflichtet. Da er aber meist immer wieder neuer Vorschüsse bedarf, kommt er nie mehr aus seinen Schuldverpflichtungen heraus, wenn ihn nicht etwa ein anderer Arbeitgeber auslöst und damit seine Arbeitsverpflichtung gewissermaßen abkauft. An seinem Arbeitsplatz findet der Arbeiter meist nur einen Kaufladen vor, der gewöhnlich im Besitz des Arbeitgebers ist und die Waren auf Vorschuß abgibt. Dadurch wird das Verhältnis zwischen beiden Parteien noch verwickelter und die Aussicht auf Abverdienen der Schuld für den Arbeiter noch geringer. Dies System ist im lateinischen Amerika sehr weit verbreitet und wird vielfach durch Agenten betrieben, die oft weit entfernt vom Arbeitsort in volkreichen Distrikten nach Arbeitskräften ausschauen. In Mexico, Guatemala, wie in Peru und anderen südamerikanischen Ländern ist das System eingeführt. Soweit die zeitliche Trennung von der Familie nur Wochen oder wenige Monate zu dauern pflegt, beeinflußt sie den Volksstand nicht ungünstig; vielfach ist auch der klimatische Unterschied zwischen der Heimat der Arbeiter und ihrer Arbeitsstelle nur mäßig (so bei den Kaffeearbeitern Guatemalas, die sich meist aus dem Hochland rekrutieren und an den mäßig warmen Gebirgshängen zu arbeiten haben). Dagegen ist es sehr gefährlich, wenn Hochlandsindianer zur Arbeit ins Tiefland gehen (und dasselbe gilt für die Hochlandsneger Afrikas). Nur dann ist starker klimatischer Gegensatz zwischen Hoch- und Tiefland minder gefährlich, wenn die Tieflandsarbeitsstätte sehr trocken ist (Zuckerplantagenarbeiter Perus).

Im allgemeinen sollten aber die Arbeiter fur Plantagen, Eisenbahn- und Kanalbauten im Tiefland nicht aus dem Hochland geholt werden, sondern aus klimatisch ahnlichen, womoglich benachbarten Tieflandsgegenden, die dicht bevolkert sind und darum leicht Arbeiter abgeben konnen. So pflegt sich die schwarze Arbeiterschaft der Bananenplantagen der atlantischen Kustengebiete Mittelamerikas (ebenso wie einst die Mehrzahl der Arbeiter am Panamakanal aus Jamaica und den Kleinen Antillen zu rekrutieren, sei es, daß diese Schwarzen freiwillig Arbeit suchen oder daß sie mit Werbeagenten Kontrakte unter Aufsicht ihrer heimatlichen Kolonialregierung abschließen Fernanwerbung. In großtem Maßstab hatte sich Fernanwerbung entwickelt, als in Westindien, auf Mauritius und anderwarts im 19. Jahrhundert die Sklaverei abgeschafft worden war und die fruhere Sklavenbevölkerung aus lauter Freude uber die gewonnene Freiheit nicht mehr arbeiten wollte, worauf man Ersatz in Gestalt von indischen Kulis (Arbeitern) heranzog. Diese Arbeiter kommen nach ihrem fernen Arbeitsort unter Kontrakten, die sehr gunstig fur sie sind und die auf dem Schiff und am Arbeitsort aufs Peinlichste uberwacht werden. (Fur deutsche Auswanderer kommen diese Kulis — beiläufig gesagt, meist sehr tuchtige und arbeitsame Menschen — nicht in Betracht, weil sie einmal sehr teuer zu stehen kommen, und andererseits weil sie einem Deutschen von der englischen Regierung jetzt sicherlich nicht geliefert wurden.)

Der Arbeiterbedarf queenslandischer und fidjianischer Zuckerpflanzer und spater melanesischer und polynesischer Kokospalmpflanzer hat ubrigens in der zweiten Halfte des 19. Jahrhunderts ebenfalls, wie schon oben erwahnt, eine Fernanwerbung melanesischer Arbeiter hervorgerufen, die anfanglich z. T. mit Menschenraub oft verdachtige Ahnlichkeit hatte, aber seit neuerer Zeit ganz in die festen Geleise obrigkeitlich überwachter Kontrakte eingetreten war. In diesen Fallen war die klimatische Verschiedenheit zwischen Heimat und Arbeitsstelle zwar sehr gering, aber die jahrelange Trennung in Verbindung mit Heimweh, erworbenen Krankheiten und dergl. ist doch fur die Volkszahlen sehr ungunstig gewesen. Die Lohnsatze der melanesischen Kontraktarbeiter sind sehr niedrig, die Kosten fur den Werbeagenten und die Schiffspassage aber recht betrachtlich.

Stellenweise suchen auch außertropische Arbeiter in wendekreisnahen Gebieten freiwillig Arbeit zu maßigen Satzen (Japaner auf Hawaii), oder es werden solche durch Werbeagenten in ihrer Heimat gesucht (Chinesen in Sudchina fur Samoa u. a. Gebiete), wobei zu bemerken ist, daß meist die freiwilligen Arbeiter tuchtiger sind als die angeworbenen, die manchmal geradezu aus dem Abschaum der Hafenstadte stammen oder zuweilen selbst aus Gefangnissen geholt werden.

In Guatemala stellt auch die Regierung des Landes auf

Wunsch Arbeiter aus ihren Indianergegenden zur Verfugung, um dadurch die wirtschaftliche Entwicklung des Landes zu fordern (Mandamientos). Die Indianer, die auf etliche Wochen oder selbst einige Monate zur Arbeit kommen, erhalten neben einem festgesetzten Wegegeld sehr niedrige Löhne. Da der Arbeitgeber aber meist sich gezwungen sieht, den obrigkeitlichen Vermittlern dieser Arbeiter hohe Provisionen zu bezahlen, und da zudem viele Indianer das empfangene Geld nie abarbeiten, so kommen diese Arbeiter doch schließlich recht teuer.

Da in Guatemala die Regierung sich als Besitzerin alles nicht titulierten Landes ansieht, so besteht in manchen Teilen dieser Republik noch ein Gebrauch, der etwas an die alten Encomiendas erinnert: Wenn ein Privatmann sich ein großes Stuck Regierungs-Land (terreno baldio) von der Regierung kauft, so wird er dadurch gewissermaßen auch der Herr der von den darauf ansassigen Indianern urbar gemachten Grundstuckchen. Indem er aber den Indianern erlaubt, weiterhin auf dem Land wohnen zu bleiben und genugend Land fur ihre eigenen Kulturen oder eigene Viehzucht zu benutzen, kann er sie — gewissermaßen als Pachtleistung — dazu verpflichten, eine bestimmte Anzahl Tage im Monat gegen Bezahlung zu arbeiten (Colono-System). Der Tagelohn ist dann niedriger berechnet, als beim freien Arbeiter oder Angeworbenen, aber die wirkliche Leistung an ihm ist doch ziemlich hoch, wenn man berechnet, daß der Indianer bei seiner düngungslosen Landwirtschaft hochstens alle 5—6 Jahre wieder dasselbe Stuck Land bebauen kann; so muß also jeder Einzelne eine recht große Flache zur Verfugung haben, und damit das moglich werde, muß der Pflanzer sehr großen Landbesitz kaufen, also ein hohes Anlagekapital verzinsen, um fur eine maßig große Pflanzung genugende Arbeitskrafte zur Verfugung zu haben. (Ähnliche Verhaltnisse findet man auch in Chile, Bolivia, Peru wieder.)

In Nicaragua dagegen liegen die Dinge ganz anders als in Guatemala. Die Regierung ist hier der Ansicht, daß die auf freiem Regierungsland wohnenden Indianer ein gewisses Anrecht auf das von ihnen kultivierte Land haben, und hat deshalb bestimmt, daß beim Vermessen eines denunzierten Stuckes Land jeweils fur die daselbst schon vorher befindlichen Siedler eine bestimmte Flache herausgemessen werden musse. Das Colonosystem ist also hier nicht zu Haus, und der Pflanzer muß mit freien Arbeitern arbeiten oder durch starke Vorschusse sich Arbeiter sichern.

Sehr verbreitet ist im lateinischen Amerika der Teilbau, der im Mittelmeergebiet schon aus der Zeit der alten Griechen bekannt ist (Athen) und gegenwartig besonders viel in Italien bluht. Vom Mittelmeer aus ist das System in alter und wieder in neuer Zeit nach Amerika ubertragen worden, ist aber dort stellenweise auch aus sich selbst heraus entstanden. Als z. B. auf Montserrat (englische kleine Antillen) ein Orkan einem Pflanzer seine Zuckerrohrfelder und seine Fabrik zerstört hatte, schlugen ihm seine Arbeiter vor, sie wollten die Arbeitskraft stellen, während er Land, Arbeitstiere, Geräte und eine Windmühle stellen sollte, worauf der gemeinsame Gewinn zur Hälfte zwischen beiden Parteien geteilt werden sollte (Halb und Halb System).

Im spanischen Sprachgebiet ist dasselbe System der Medieros im Ackerbau von Mexico bis Chile und Argentinien hin da und dort verbreitet, während anderwärts (z. B. in der Viehzucht) ein Drittelsystem gebräuchlich ist, wieder anderwärts aber bis herab auf 1/10 System (Ecuador) bei entsprechend geringerer Leistung des Arbeitspartners gegangen wird.

Für den deutschen Auswanderer als Arbeitspartner kommen diese Systeme in den frostfreien rein tropischen Gegenden nicht in Betracht, weil sie von ihm harte Arbeit im Freien verlangen würden; wohl aber könnte im Hochland vielleicht da und dort einmal daran gedacht werden. Als Landbesitzer wird der deutsche Einwanderer aber nicht leicht derartige Verträge abschließen können, soweit er nicht durch Kauf in den Besitz eines Gutes gelangt, in dem Teilbau schon eingeführt ist.

In Brasilien hat man neuerdings auf den Kaffeepflanzungen ein Arbeitssystem eingeführt, das dem Arbeiter neben seinem Lohn die Nutznießung eines kleinen Stückes Land zuspricht, das später in sein Eigentum übergehen kann. Da es sich in diesem Fall um tropisches Gebiet (Kaffeepflanzungen) handelt, kommt es wohl für Süd-, nicht aber für Nordeuropäer als Arbeiter in Betracht. (Die Härten, die um die Mitte des 19. Jahrhunderts den auf Grund eines Halbpachtsystems — „Parceira" — in Saõ Paolo angesiedelten und arbeitenden Deutschen auferlegt waren, sind einst Schuld am v. d. Heydt'schen Rescript von 1859 gewesen, das damals die deutsche Einwanderung nach Südbrasilien unterband).

Mit der gegebenen Aufzählung ist die Zahl der in den Tropen üblichen Arbeitergewinnungssysteme, zu denen früher noch die Sklaverei hinzutrat, bei weitem nicht erschöpft. Der Einwanderer wird in dem Land seiner Wahl noch manches neue System oder Abänderungen der erwähnten antreffen. Obige Aufstellung schien mir aber angebracht, um dem deutschen Auswanderungslustigen von vornherein einen Begriff davon zu geben, wie sehr verschieden die Arbeiterverhältnisse der Tropen vielfach von den unserigen sind.

Unsere vorgeschrittenen sozialen Einrichtungen, wie Kranken- oder Invaliden-Versicherung, fehlen in den Tropenländern noch ganz; jedoch ist in den meisten Ländern wenigstens für ärztliche Hilfe von Seiten der Arbeitgeber gesorgt, und eine Art patriarchalischer Fürsorge für die Arbeiter und ihre Familien ist überall mehr oder weniger wirksam. Stellenweise ist freilich das Maß dieser Fürsorge ungemein gering, und vielfach hängt es ganz von der mehr oder weniger menschenfreundlichen Veranlagung des Arbeitgebers oder seiner Verwalter und Angestellten ab. Gegenüber den deutschen Arbeiterverhältnissen sind die tropischen außerordentlich stark im Rückstand.

Der deutsche Einwanderer wird bei ländlicher Betätigung im allgemeinen nur als Arbeitgeber, nicht als Arbeiter in Frage kommen — wenigstens, um es nochmals zu wiederholen — im tropischen Tiefland. Er wird finden, daß der farbige Arbeiter in vielfacher Hinsicht tief unter dem europäischen Arbeiter steht, weshalb auch der in den meisten Ländern viel niedrigere Lohn durchaus berechtigt ist.

Obgleich die Minderwertigkeit der farbigen Arbeiter größtenteils auf ihre geistige und körperliche Veranlagung zurückzuführen ist, so muß doch zugestanden werden, daß auch das Klima seinen Anteil daran hat. Das kann z. B. der costaricanische Kaufmann sehr gut feststellen, wenn er die viel langsameren und geringerwertigen Leistungen seiner in der Zweigstelle im Hafenplatz Puerto Limon arbeitenden Angestellten vergleicht mit denen seiner Angestellten im Hauptgeschäft zu San José (1100 m). Äußerst lehrreich waren auch Beobachtungen, die man bei den Arbeiten des Panamakanals gemacht hat: spanische Arbeiter übertrafen hier anfänglich die westindischen Neger an Arbeitsleistungen erheblich; aber im Lauf der Zeit sanken die Leistungen der Weißen, während die der klimagewohnten Schwarzen zunahmen!

So groß die Mannigfaltigkeit der Arbeitergewinnungssysteme in den Tropen ist, so groß ist auch die Verschiedenheit der farbigen Arbeiter nach ihrer Leistungsfähigkeit und nach der Art, wie sie am besten zu behandeln sind. Der neueinwandernde Deutsche muß fast in jeder Hinsicht an seinem späteren Aufenthaltsort sich in ganz neue und fremdartige Verhältnisse erst hineindenken. Die europäischen Maßstäbe muß er bei Seite legen und sich an die landesüblichen gewöhnen. Eigene Beobachtung muß ihm neben den Mitteilungen altangesessener Siedler erst die Grundlagen schaffen, auf denen er sein System der Arbeiterbehandlung aufbauen kann. Allgemeine, für alle Gegenden gültige Regeln lassen sich nicht aufstellen; denn die Verhältnisse wechseln von Ort zu Ort allzusehr. Aber das Eine ist überall gültig: Absolute Gerechtigkeit, Einfühlen in die besondere Eigenart, die Gewohnheiten, Sitten und Gebräuche der verschiedenen Arbeiterelemente und taktvolle Berücksichtigung derselben in Verbindung mit ruhiger Bestimmtheit und einem gewissen Wohlwollen ermöglichen überall ein gutes Verhältnis zu den farbigen Arbeitern und sichern zugleich tüchtige Arbeitsleistungen von ihrer Seite.

Sachregister.

Q.

R.

S.

T.

FSC
www.fsc.org
MIX
Papier | Fördert
gute Waldnutzung
FSC® C083411

Zeitfracht Medien GmbH
Ferdinand-Jühlke-Straße 7
99095 Erfurt, Deutschland
produktsicherheit@kolibri360.de